戦争が大嫌いな人のための正しく学ぶ安保法制

小川和久
Kazuhisa Ogawa
軍事アナリスト　静岡県立大学特任教授

アスペクト

はじめに

集団的自衛権の限定行使容認と平和安全法制の制定後も、マスコミの世論調査は「国民の80％ほどが理解できていない」と伝えています。

そのいっぽう、「日本は『戦争のできる国』になる」「自衛官が戦死する」「若者が徴兵される」「自衛官が米軍の弾よけにされる」といったデマがまき散らされ、いたずらに国民の恐怖心をあおっています。

平和安全法制の審議が進んでいた2015年6月15日、自民党の石崎徹衆院議員（新潟1区）の支持者の声を伝える記事が朝日新聞に掲載されました。

（安倍晋三首相は）**国民にわかりやすく説明すると言いながら、誰もわからない議論をして国民を戸惑わせている。**

なぜ与党の支持者からも疑問が出て、理解が深まらないのでしょうか。なぜ国民はデマにおどらされるのでしょうか。

理由は明らかです。日本の平和と安全について、「そもそも」のところからの問いかけと説明が行なわれず、わかりにくい法制度が提示されるいっぽう、いきなり「賛成」か「反対」かを問われたからだと思います。

政府・与党が国民に示し、わかりやすく説明しなければならなかったのは、第一に、日本の安全保障にとって現実的な選択をするとき、集団的自衛権は前提条件になるという点でした。しかし、それがなかった。

そもそも、日本が平和と安全を実現しようとするとき、同盟関係を選ぶのか、それとも武装中立を選ぶのか、いずれかを選択しなければなりません。

同盟関係はお互いの安全のために「アテにできる関係」を維持するという相互防衛のシステムですから、当然、集団的自衛権の行使は前提条件となります。

第1章以下で詳しく述べますが、どの国とも手を組まない武装中立のほうは、集団的自衛権こそ関係なくなりますが、今のレベルの平和と安全を独力で手にしようとすれば、巨額の防衛費の負担と大きなリスクを覚悟しなければなりません。

日米同盟は、年間5兆円ほどの防衛費プラスアルファで世界最高レベルの安全が実現されており、これほど費用対効果に優れた選択肢はないと言えるほどです。

つまり、日本は戦後ずっと続いてきたアメリカとの同盟関係を深化させ、日本自身の国益に活かしていくのが、最も現実的でベストの選択となるはずです。

日本国民のほとんどが知らないことですが、日本はアメリカにとって死活的に重要で、かつ対等に近い、つまり高度の双務性を備えた同盟国なのです。

日本国民が「アメリカに守ってもらっている」と誤解してきたのは、アメリカと同じような姿形の軍事力を持って守り合う対称的な関係ではないからです。しかし、第1章で詳しく説明するように、非対称的な同盟関係でありながら、アメリカにとってなくてはならない戦略的な役割分担をしているのです。それを日本国民は理解できていないのです。アメリカとの同盟関係を属国になるかのように受け止めるのは、日本側の認識不足が原因でもあるのです。

アメリカの大統領選で共和党の候補となったドナルド・トランプ氏が「日本が駐留米軍経費を全額負担しなければ米軍を撤退させる」と主張して話題となりましたが、アメリカにとって死活的に重要な日米同盟の現実を示すことは、トランプ氏のような考え方を持つアメリカ国民への回答ともなるのです。

同時に、政府・与党は集団的自衛権の限定行使容認が憲法問題ではないという点も、論理的に説明すべきでした。

私は2015年7月1日、衆議院の平和安全法制特別委員会の参考人として、「集団的自衛権の行使容認は憲法問題ではない」と意見陳述しました。

イデオロギー的な反発はともかく、理論的な反論は皆無でしたが、それでも集団的自衛権の限定行使容認は憲法違反との批判が跡を絶たず、政府・与党を支持する多くの国民にすら、違憲ではないかという疑問が残される結果となりました。

その原因は、日本には国家における憲法の位置付けや完成度を高めるプロセスについての議論が存在せず、しかも条文の1つにすぎない第9条をめぐる議論に終始してきた点にあります。第9条が日本国憲法の基本原理と矛盾する条文となっていることも、本書第6章で述べたいと思います。

以上の問題点についての説明が的確に行なわれ、本書で明らかにするような日本国民の知識不足による誤解などが氷解する中で、集団的自衛権と平和安全法制をめぐる議論は混乱を脱することができると確信しています。

最後に、「なぜ今、集団的自衛権の行使容認なのか」と反対する人々に問いたい。

２０１４年７月１日の閣議決定まで、あなた方は国家の安全について十分な手を打ってこなかった。それはなぜでしょう？　お答えください。

学生時代このかた、日本で口にされる「平和主義」という言葉にうさん臭さを感じてきました。専門家の一員として仕事をするほどに、その直感めいたものがさほど間違っていなかったことを思い知らされることになりました。日本が久しぶりの安定政権のもと、積極的平和主義を打ち出した今こそ、戦後日本を覆ってきた「平和主義」の虚構と訣別し、真の平和国家として国際社会の信頼を得るときだと思い、本書を書きました。

出版にあたり、次の皆さんのお世話になりました。アメリカ・シカゴ大学の政治学博士であり、日本で有数の安全保障問題の専門家である西恭之氏（静岡県立大学グローバル地域センター特任助教）には、今回も私の考えを裏付けるコメントやデータを提供していただきました。山内智恵子さん、岩崎真大さんには本書の構成などを助けていただきました。株式会社アスペクト編集部の貝瀬裕一部長には、煩雑な作業をスピーディーに進めていただきました。心より御礼申し上げます。

２０１６年５月

小川和久

本書ご購入の方には、もれなく電子版をプレゼントしております。

以下のサイトにアクセスし、案内されたパスワードを所定の欄に入力してください。
（弊社提携先の株式会社アカシック ライブラリーのウェブサイトでの提供になります）

https://goo.gl/cNrSQK

パスワードが認証されますとブラウザで本書電子版を読むことができます。また、PDF 版もダウンロードできますので、電波の届かないところでも快適に読むことができます。ただし、本書の PDF 版はファイルサイズが大きいため、ダウンロードに時間がかかる場合があります。

※本書の電子版は固定レイアウトで作成されており、タブレットやパソコンなど大きなディスプレイを備えた端末で読むことに適しています。あらかじめご了承くださいますようお願いいたします。

戦争が大嫌いな人のための正しく学ぶ安保法制　目次

第2章 読めばわかる平和安全法制

第3章 日本の平和主義を実行する国際平和協力活動

構成　山内智恵子&岩崎真大（倉山塾速記班）
装幀・本文デザイン　岡本健＋遠藤勇人［okamoto tuyoshi+］
本文ＤＴＰ・図表制作　津久井直美

第1章

集団的自衛権で日本の安全は高まる

◉集団的自衛権で「他国の戦争に巻き込まれる」って本当ですか？

２０１５年に成立した平和安全法制をめぐって、政府のなかでも、国会でも、またマスメディアでも、集団的自衛権が議論の焦点になり、さまざまな心配がささやかれてきました。代表的なものは、「大国が戦争を起こす口実として集団的自衛権が利用される」という懸念で、次のように声高に叫ばれてきました。本当でしょうか。

集団的自衛権は、小国どうしのいざこざに大国が軍事介入する口実に使われることが多い。

［朝日新聞「一からわかる集団的自衛権」２０１４年３月３日付］

第二次世界大戦後に起きた戦争の多くは、集団的自衛権行使を大義名分にしている。（略）集団的自衛権行使を容認していることが戦争を起こしやすくしていると考えられる。

［『日本は戦争をするのか』、半田滋・東京新聞編集委員、岩波新書、２０１４年］

集団的自衛権が戦後どう使われてきたか検証が必要だ。ベトナム戦争、チェコ侵略、アフガニスタン戦争。こういう例を見ると大国による侵略や軍事介入の口実とされてきた。
［井上哲士参議院議員（共産党）、参議院外交防衛委員会、２０１４年５月29日］

なかには、「日本はもう、いつ戦争に巻き込まれるかわからなくなった」と悲痛な言葉を口走る人までいます。テロと絡めて集団的自衛権の危険性を訴える意見もあります。

将来、日本も自衛隊が集団的自衛権行使ということで、もしイスラム過激派が敵だなと思ったときには（略）実は、将来ひょっとすると日本が標的になる可能性がある。これは集団的自衛権行使と深くかかわっている可能性がある。
［鳥越俊太郎参考人、衆議院平和安全法制特別委員会、２０１５年７月１日］

これらはすべて間違いです。集団的自衛権についての無知や誤解から生じた、一種の妄想のようなものといってかまわないでしょう。

また、「日本はこれから、海外の戦争に参加する国になった」という人もいます。平和安全法制が制定されたことによって、「日本は攻撃を受けた他国軍を助けるため、海外の戦争に加われる」というのです。日本共産党のパンフレット『これでわかる戦争法案』（２０１５年）も、「地球上どこでも派兵して、米軍のあらゆる戦争に参加します」と危機感をあおっています。

これなどは、日本の防衛力の実態を踏まえていない無責任な議論と言わざるを得ません。それればかりでなく、「集団的自衛権とは、自国が攻撃されていないのに、他国のために戦争する〃集団的他衛権〃である」という日本特有の誤解もありますし、「自衛隊や米軍の基地があると、攻撃目標になるから危険」という、安全保障に関する根本的な誤解や意図的な曲解に基づく主張もあります。

この章では、集団的自衛権についてしっかり解説し、日本中に流されてきた俗説やデマのどこが間違いなのかを明らかにしていきます。

Q 1 そもそも集団的自衛権とは何ですか？

◉「自衛権」は国家の基本的な権利

これは最も重要なポイントですから、きちんと説明しておきましょう。

集団的とか個別的とかいう前に、まず、自衛権とは何なのかを理解しておく必要があります。自国の権利や利益が外国から不法に侵害されたとき、自国を防衛する緊急でやむを得ない必要があって、侵害の程度に対して限度を超えない限り、防衛の措置を取ることは国際法上合法である、とされています。これが自衛権です。

自衛権は国家の基本的権利ですから、すべての国に自衛権が認められているのです。

自衛権は、個人が不法に襲われたときに、緊急性と必要性の範囲内で自分の身を守ることが正当防衛として認められるのとよく似ています。もし正当防衛が認められないなら、暴漢に襲われても黙って殴られ続けるだけになってしまいます。ですから、不法に襲われたときは自分の身を守ってよいのです。誰にでも正当防衛の権利があるということは納得できる話です。それは国家の場合もまったく同じで、自衛権は国家の自然権であるとされる所以《ゆえん》です。

平和安全法制に関する議論でも見られたように、今でこそ自衛権は戦争と関連して語られるようになっていますが、実は、第一次世界大戦以前の古典的な国際法では、もっぱら平時の概念として論じられていました。古典的国際法では戦争自体が自由だったからです。

第一次世界大戦以前には、国際法に照らして戦争が「違法だ」とか「合法だ」という考え方そのものがありませんでした。戦争とは、あって当たり前のものだったのです。

国家が基本的な権利として自己保存権（right of self-preservation）を持っており、自衛権（right of self-defense）はそれに基づく権利であるという考え方は、16世紀から18世紀の自然法思想のなかにすでにあったのですが（「国際法上の自衛権行使における必要性・均衡性原則の意義（1）」、根本和幸、上智法學論集50（1）、２００６年）、国際社会では戦争も武力行使も自由に行なわれていたので、わざわざ自衛権を根拠にして武力行使を正当化する必要がなかったわけです。

◉「自衛のための戦争は違法ではない」という国際常識

古典的国際法のもとで自衛権が議論の的になった例としては、１８３７年12月29日に発生したアメリカ船カロライン号の事件がよく知られています。当時イギリス領だったカナダで、イギリスの支配に抵抗する入植者がアメリカとの国境にあるナイアガラ川のネービー島を占領し、カロライン号でアメリカから人員や武器、物資の支援を受けていました。このカロライン号がアメリカ側の港に停泊しているところをイギリス軍が急襲したのが、カロライン号事件です。

イギリスが、この襲撃を「自衛と自己保存の必要に基づく行為」として正当化したのに対して、アメリカは、武力行使を自衛と認めるためには、緊急性と必要性を立証しなければならないし、必要な限度内の武力行使でなければならない、と反論しました。当時は、戦争するのは自由で、ひとたび戦争になってしまえば無制限に武力を行使するのが当然という時代です。カロライン号事件は、平時に起きた出来事だったからこそ、「自衛権の行使には一定の制約がある」という議論が意味を持ったのです。

第一次世界大戦は戦車、航空機、毒ガスといった近代兵器が登場し、国を挙げての総力戦になりました。戦争の犠牲は戦闘員だけでなく非戦闘員にも直接及び、負けたドイツはもちろん、勝ったイギリスやフランスなどの連合国側も大きな被害を受けました。

そこで、第一次世界大戦の講和条約（1919年）に盛り込まれた国際連盟規約やパリ不戦条約（1928年）によって、戦争は国際法上で違法とされるようになりました。これと同時に、「自衛のための戦争」だけは違法ではない、不法に主権や利益を侵害されたら国家は自らを守る権利がある、という考え方が広まっていきます。

この考え方は、第二次世界大戦後にできた国際連合にも受け継がれています。国連憲章第2条4項によって武力行使を一般的に禁止するいっぽうで、第51条で、個別的自衛権と集団的自衛権が、すべての国がもともと自然に持っている「固有の権利」として認められています。

◉集団的自衛権の基本的な考え方

そこで、議論の的になってきた集団的自衛権ですが、たとえ自国が直接攻撃を受けていなくても、密接な関係にあるほかの国（同盟国など）が武力攻撃された場合、それを自国に対する攻撃とみなして反撃する権利のことです。

すでに述べたように、第一次大戦以前の古典的国際法のもとでは戦争や武力行使は違法とされていませんでしたから、A国がB国と組んで、直接A国を攻撃していないC国に攻め込むようなことは普通に行なわれていました。したがって、それを特に「集団的自衛権」と呼ぶようなこともありませんでした。

集団的自衛権という言葉が条約に書き込まれるようになったのは第二次世界大戦後の国連憲章からで、第二次世界大戦後の安全保障体制の重要な考え方になっています。ソ連崩壊までの冷戦時代の主役だった、米英仏などの北大西洋条約（NATO条約）とソ連・東欧諸国のワルシャワ条約は集団的自衛権を基本としていますし、もっと最近の例では、ロシア、中国および中央アジア諸国で構成される上海協力機構（SCO）も集団的自衛権に基づいた軍事協力を拡大しています。もう少しわかりやすくするために、身近なたとえ話に置き換えてみましょう。

Aという町に鼻つまみ者の男が住んでいたとします。昼間から酔っ払って商店街にやってきて、どこかの店に飛び込んでは店主に因縁をつけたり、商品を勝手に持って行ったり、暴れて店のものを壊したりします。この男がやってきたときに、その店の店主や店員が自力で男を追い払うのが個別的自衛権の行使にあたります。

しかし、とにかく乱暴な男なので、やってこられればどうしても何かしら被害を受けてしまいますし、1人で店番していたら危なくて仕方がありません。そこで、ある店の主人が、気心の知れたほかの店の主人たちと話し合って、商店街のうちの10軒を取りまとめ、「これからはあの男がわれわれ10軒のどれかにやってきて乱暴したら、10軒全部がやられたと考えることにする。私たちは今日から『十軒会』を結成し、束《たば》になってあの男を追い返す」と宣言しました。これが集団的自衛です。

この取り決めを結んだあと、男がやってきて、この10軒のうちの1軒で暴れようとしました。そこで、ほかの9軒の店の主人や店員たちが集まってきて、みんなで男を取り押さえ、追い払ってしまいました。これが集団的自衛権の行使です。

グループを結成するとき、「十軒会」の会長は「あなたのお店も私たちのグループに加わりませんか。もしグループのどれかの店が被害にあったら、あなたもみんなと一緒に反撃する権利があるのですよ」と勧誘しました。この「一緒に反撃する権利」が「集団的自衛権」ということになります。

「集団的自衛権」は権利であって義務ではありませんから、たまたま今日はおばあさんが店番をしていた、というようなときは、反撃に加わらなくてもいいのです。また、商店街全体でこの男のことを話し合って、「十軒会」と同じ取り決めを商店街全体でやることに

集団的自衛権のイメージ

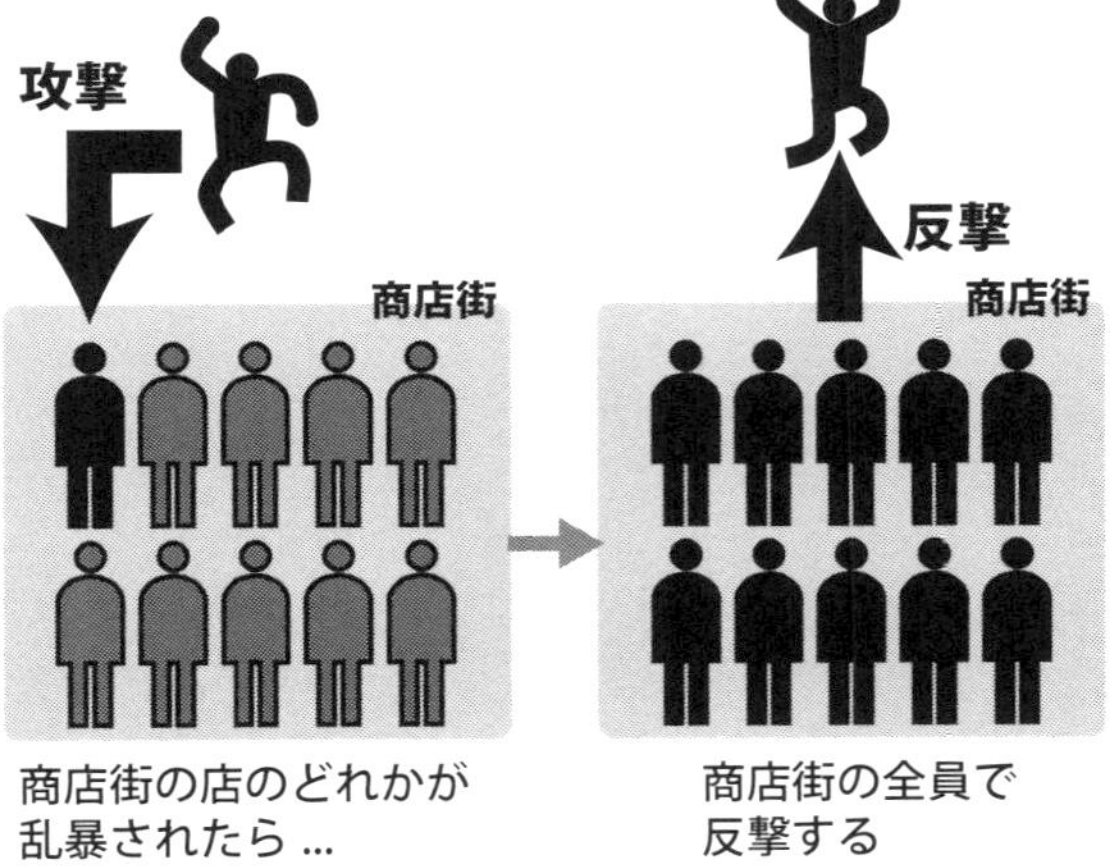
攻撃
商店街
反撃
商店街
商店街の店のどれかが
乱暴されたら …
商店街の全員で
反撃する

決めたとしたら、国連憲章ですべての国に集団的自衛権を認めたというのと同じです。

商店街全体がこうして「集団的自衛権」を行使すると宣言したら、どうなるでしょうか。男が商店街にやってきてみると、「A町商店街は、どれか1つの店が因縁をつけられたら、商店街全体への攻撃とみなして反撃します」とあちこちに書いてあります。店番の手薄な店を探そうと思ってうろついてみても、腕章をつけた商店街の人たちがパトロールしていて隙がありません。男は暴れることなく引き上げるしかありませんね。

このように考えると、集団的自衛権というのは決して特別なことでも難しいことでもありません。身近な例に置き換えれば、誰もが常識として納得できることなのです。

Q 2 集団的自衛権行使によって、大国の利益のための戦争が起きやすくなるのではありませんか?

◉むしろ侵略を抑止してきたアメリカとの同盟関係

先ほど紹介した共産党の井上哲士参議院議員の発言をもう一度見てみましょう。

集団的自衛権が戦後どう使われてきたか検証が必要だ。ベトナム戦争、チェコ侵略、アフガニスタン戦争。こういう例を見ると大国による侵略や軍事介入の口実とされてきた。

［井上哲士参議院議員（共産党）、参議院外交防衛委員会、2014年5月29日］

私の同僚の西恭之氏（静岡県立大学グローバル地域センター特任助教、シカゴ大学政治学博士）は、「きちんと検証してみたら井上議員にとっては『天にツバする』結論が出るかもしれないが、検証が必要だという指摘自体はまったく正しい」と述べています。

西氏によれば、井上議員のように戦争が起きた例だけを取り上げても、サンプルが偏っているので非科学的な議論にしかならないそうです。集団的自衛権が戦争を起こしやすくしたかどうかを知るためには、抑止が失敗して集団的自衛権を行使せざるを得なくなった場合や、国連安全保障理事会の常任理事国が自らの特権を悪用して行なった侵略の例を数えるだけでなく、集団的自衛権行使の可能性が侵略を抑止した例と比べる必要があります。

第二次世界大戦後のアメリカのすべての同盟国について、同盟条約が有効な期間について眺めると、アメリカが集団的自衛権を行使する可能性が示されることによって、同盟国に対する他国の侵略が抑止されてきたことは間違いありません。

アメリカとすでに同盟条約を結んでいた国が第三国に戦争を仕掛けられた例は南ベトナムと韓国だけです。しかも、南ベトナムを攻撃した北ベトナムのことを、南ベトナムは外国として承認したことはありませんし、韓国も北朝鮮を外国として承認していませんでした。南北ベトナムの対立も朝鮮戦争も、第三国との戦争というより、内戦であったというのが実態です。

フォークランド紛争（1982年）では、アメリカの同盟国であるイギリスの領土フォークランド諸島がアルゼンチンの攻撃を受けました。しかし、フォークランド諸島はNATO条約の域外にあり、アメリカは集団的自衛権を行使できません。それをわかった上で、アルゼンチンはフォークランド諸島の占領を企てたわけで、アメリカとの同盟関係が侵略の抑止に失敗したケースには当たりません。

このように、朝鮮戦争、ベトナム戦争、フォークランド紛争を例外とすれば、アメリカとの同盟関係がありながら他国に侵略されたケースはゼロということになるのです。

2001年9月11日のアルカイダによるアメリカ同時多発テロ事件のあと、多国籍軍がアフガニスタンのタリバンとアルカイダを攻撃しました。このときアメリカが行使したのは個別的自衛権で、集団的自衛権を行使したのは英独仏伊のほか、カナダ、オーストラリア、ニュージーランド、デンマーク、ノルウェーといった同盟国です。大国であるアメリカが、集団的自衛権を口実に小国の争いに介入したのではありません。このように実際の例を検証すると、大国が自国の利益のために集団的自衛権を行使して小国の争いに介入する、という説とは正反対の事実が明らかになるのです。日本の議論があまりにも幼稚で、非科学的なことがわかるでしょう。

Q3 集団的自衛権は、実際には、自分が攻撃されてもいないのに売られていないケンカを買って、他国のために戦争する、集団的「他」衛権なのではありませんか？

◉集団的自衛権は「戦争をする権利」ではない

これはまったくの誤解で、日本に特有の的外れな議論です。きっと、「たとえ自国が直接攻撃を受けていなくても反撃できる」というところだけを見て、「他衛」と言っているのでしょう。しかし、先ほどの商店街の例を見れば明らかです。もし1軒が被害にあったら、自分の店はその商店街の一部なのですから、自分の店を含む商店街全体を、商店街のみんなと力を合わせて守るわけです。

集団的自衛権とは、戦争をする権利ではありません。「万一、誰か1人に手を出したら全員で仕返しするぞ」と宣言して、そのための守りを固めることによって、戦争が起きないように抑止する権利なのです。

日本の議論では、ややもすると次の点が見落とされてしまいがちです。

・個別的自衛権……自国の安全を自国の軍事力によって守る権利
・集団的自衛権……自国の安全を同盟国などの軍事力を使って守る権利

どちらも、自国の安全を守る権利、つまり、自衛権なのです。自国の防衛あってこその「自衛権」であって、他国を守ることが優先されているわけではありません。

同盟関係を結んで他国の侵略を抑止するには、集団的自衛権の行使と相互防衛が前提になります。集団全員の力で、自分も含めた集団全体を守るのです。決して「売られてもいないケンカを買う権利」などではありません。

◉冷戦時代に西ドイツを守ったNATO

このことを具体的な実例で見てみましょう。同僚の西恭之氏によると、冷戦期にドイツ連邦共和国（当時の西ドイツ）をNATOによって守った体制は、一国に対する攻撃を最も多くの国々が最も長く抑止し続けた例だということです。

冷戦期のソ連軍は強大で、東ドイツ駐留軍だけでも38万人、戦車4200両、戦闘機・攻撃機合わせて705機という規模でした。その進攻を阻止するため、西ドイツには以下のような外国軍が駐留していました（兵力はいずれも1989年）。しかも、有事には全体として約2倍に増強される計画でした。

アメリカ　23万4900人、戦車1727両、戦闘機・攻撃機288機
イギリス　6万6700人、戦車677両、戦闘機・攻撃機152機
フランス　5万人、戦車570両（※フランスは1966年にNATOの軍事機構から脱退しましたが、有事には復帰する秘密協定を結んでいました。ちなみに、2009年に完全復帰しています）

ベルギー　2万6600人、戦車160両
カナダ　7700人、戦車77両、戦闘機54機
オランダ　5700人、戦車122両

もし「集団的自衛権は〝集団的他衛権〟だ」という俗論が正しいなら、これらの国々はドイツという国とドイツ人を愛するあまり、自国が攻撃されていない場合でも、自国の安全を投げ打って、西ドイツでソ連軍と戦うつもりだった、ということになってしまいます。

もちろん、そんなことはありません。各国は、西ドイツと自国の安全が不可分だからこそ、西ドイツに軍隊を駐留させ、増援を準備し、集団的自衛権を行使する意思と能力を示し続けたのです。ソ連の西ドイツ進攻が成功したら、地続きの西欧諸国は自国への進攻を阻止することも、経済を維持することもほぼ不可能になります。そうなれば、海を隔てたイギリス、カナダ、アメリカの安全も脅かされることになってしまいます。だからこそ、これらの国々はドイツに軍隊を駐留させ続けたのです。

◉アフガニスタン戦争は「小国」も派兵

前項で触れたアフガニスタン戦争も、多くの国が集団的自衛権を行使して自国の防衛を図ったケースです。

アフガニスタン戦争における集団的自衛権の行使の状況を検証すれば、軍事大国ではない国々も、集団的自衛権を行使する場合があることがわかります。背景にはさまざまな理由がありますが、その基本は何よりも自国の防衛なのです。

NATO諸国とは異なり、これまで日本は自国の領域だけを防衛することに集中し、集団的自衛権の行使を避けることができました。それは、日本列島の防衛と米軍による海洋の利用にあたって、ここ60年ほどは日米のほうが旧ソ連やロシア、中国より軍事技術のレベルが高く、有利だったからにほかなりません。海を防壁にすることができたのです。それが現在では軍事技術が飛躍的に進歩して、これまでの有利な条件は消滅しつつあります。日本は、安倍晋三首相と政府・与党が国民に訴え続けてきた「一国では安全を確保できなくなっている」という言葉の通り、集団的自衛権をしっかりと行使しなければ安全を確保できなくなりつつあるのです。

Q 4

集団的自衛権で、自衛隊は「海外の戦争に加われる」のですか？

◉マスコミ報道により広まる誤解

そういう誤ったイメージを振りまくマスコミ報道の典型は、2015年3月8日付の朝日新聞朝刊三面の記事です。こういう書き出しで始まります。

「安全保障法制の与党協議」。最近、ニュースでよく出る言葉ですが、なぜいま、どんな目的で話し合っているのでしょうか。日本の安全保障をめぐる歩みはどう変わってきたのか。安倍政権がどんな考えで政策を見直そうとしているのか。まずはこの二つからおさらいし、複雑なテーマを読みときます。

そして、国際平和協力活動に自衛隊が派遣されるようになった経緯などに触れたあと、「与党協議」について以下のように続きます。

与党協議には、自民・公明両党の議員各六人に、政府側の官僚らが加わり、二月から週一回のペースで開かれている。議論の前提は、安倍内閣が去年の七月に政府の方針として打ち出した「閣議決定」だ。

この決定のポイントは、おおまかに言って二つある。

ひとつは、海外で自衛隊が戦争をすることを厳しく禁じてきた憲法の読み方を変え、集団的自衛権を認めた点だ。日本の国そのものが成り立たなくなる「明白な危険」があれば、攻撃を受けた他国軍を助けるため、例外的に海外の戦争に加われるとの内容だ。

もう一つのポイントは、武力を使わないケース。国際社会の平和に貢献するために、自衛隊の海外での活動や、他国軍への支援をより広げるとの方針だ。

私はこの記事に強い違和感を覚えました。まるで革新政党の機関紙を読んでいるような表現だったからです。いくら「商業左翼主義」で売り上げを伸ばしてきたといっても、「天下の朝日新聞」がこれではいただけません。

まず引っかかるのは、「海外で自衛隊が戦争をすることを厳しく禁じてきた憲法の読み方を変え、集団的自衛権を認めた点だ」という部分です。この言い方だと、日本には集団的自衛権という権利もないことになってしまいますが、国連憲章第51条や「権利はあれど行使せず」とした過去の政府見解に照らしても間違いです。「集団的自衛権の行使を認めた」としなければなりません。それに、軍事組織である自衛隊を海外に派遣することは、目的がなんであれ認められない、ということになります。

また、「日本の国そのものが成り立たなくなる『明白な危険』があれば、攻撃を受けた他国軍を助けるため、例外的に海外の戦争に加われるとの内容だ」という表現だと、「例外的に」と断ってはいるものの、まるで助けを求められたらただちに戦闘部隊を派遣できるかのように読者に受け取られかねません。

それに、「海外の戦争に加われる」とは、あまりにも無責任で軽々しい表現です。あたかも国家の危急存亡の事態でなくても簡単に自衛隊を派遣できるかのようです。

しかし、集団的自衛権の行使は、同盟国、あるいは密接な関係にある国家に対するもの、つまり日本国にとっても危機が発生したとみなされる場合であって、それ以外の無原則な拡大はないと考えるべきものです。

この記事を書いた記者は、国際的な常識となっている「戦争」の定義——「国家が他国に対して自国の目的を達するために武力を行使する闘争状態」——について、いま一度、復習してもらいたいと思います。

◉自衛隊には「外国を攻める能力」がない

実を言えば、自衛隊が「海外での戦争に加われる」という表現は、自衛隊についての無知蒙昧《もうまい》ぶりをさらけ出した、無責任極まりない言い方なのです。自分たちの税金で維持している自衛隊なのに、実態をわかっていないからです。そもそも、自衛隊は「憲法9条を絵に描いたような軍事組織」ですし、日本には国家としての「戦力投射能力」が備わっていないのです。

日本には国家としての「戦力投射能力」がないとは、どういうことでしょうか。

日本のような非核政策をとる島国が本格的に海外に派兵するには、「海を渡って数十万人規模の陸軍を上陸させ、敵国の主要地域を占領して戦争目的を達成できるような構造を備えた陸海空軍の能力」が必要です。一例ですが、仮に日本から朝鮮半島を本格的に攻めるとしたら、50万人程度の陸軍を上陸作戦に投入する必要があります。上陸を可能にするためには、空軍による制空権確保が必須ですから3000機規模の作戦用航空機を持つ空軍力が必要ですし、50万人の陸軍を運ぶには、海軍もそれに見合った輸送力と、輸送艦艇を守れるだけの戦闘艦艇・航空機などが必要です。国家としての「戦力投射能力」とは、この水準の能力をいうのです。

ところが、自衛隊は陸海空合わせても定員24万7000人、陸上自衛隊は15万1000人です。このうち世界トップレベルにあるのは海上自衛隊の対潜水艦戦（ASW）能力と掃海《そうかい》（機雷除去）能力、そして日本列島を空からの攻撃から守る航空自衛隊の防空能力だけで、あとは平均的な能力が備わっていればよいほうです。

つまり、自立できる構造の軍事組織ではない。人体にたとえれば、上半身だけは筋トレで鍛え上げているのに、足腰は機能せず、1人で立ち上がることができないような、アン

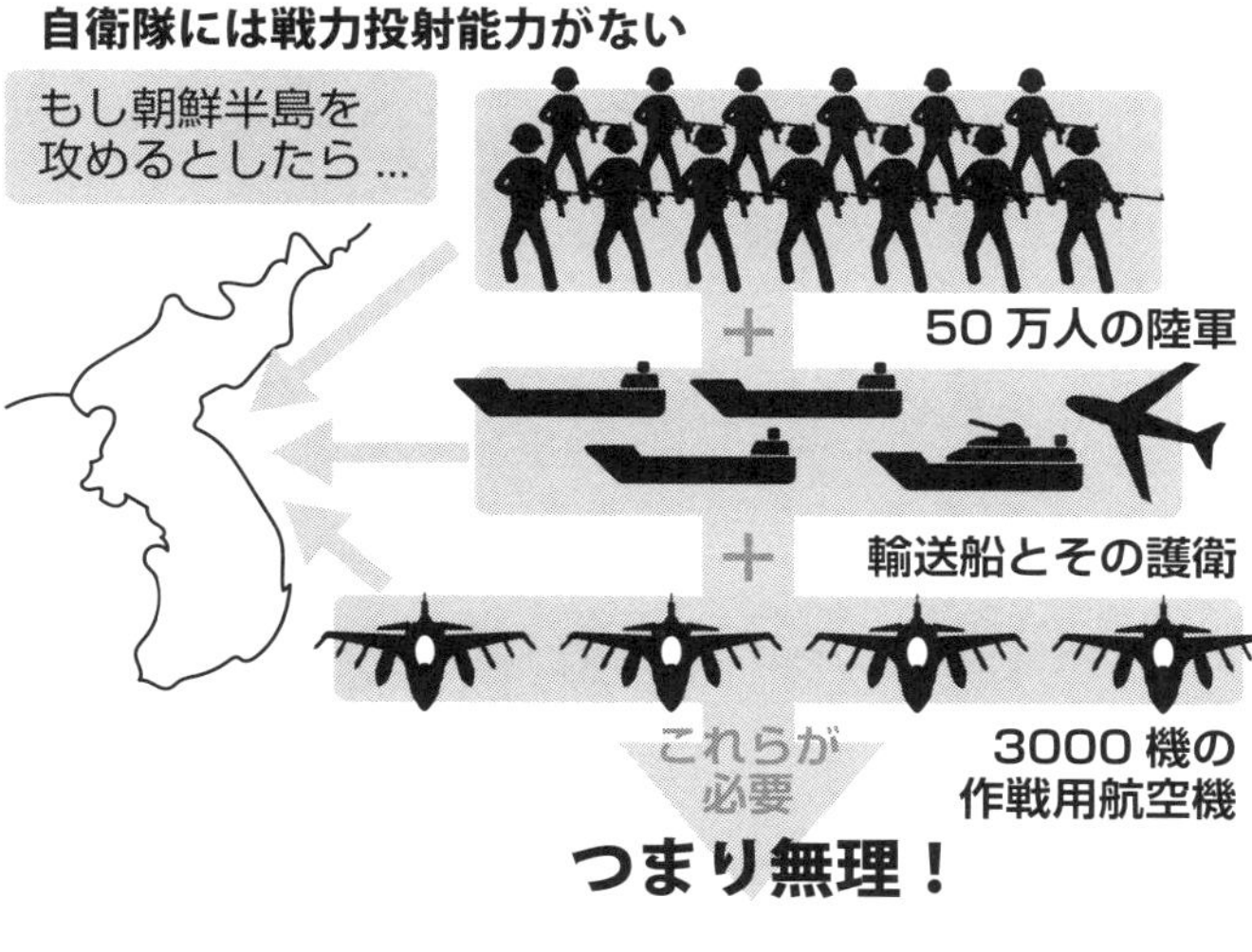

自衛隊には戦力投射能力がない
もし朝鮮半島を
攻めるとしたら…
50万人の陸軍
輸送船とその護衛
3000機の
作戦用航空機
これらが
必要
つまり無理！

バランスな姿の軍事力なのです。

だから、海上自衛隊の輸送艦をかき集めても、1度に運べるのは2000人程度です。航空自衛隊にしても、可動率や点検・整備を無視して輸送機を総動員したところで3500人がやっとです。とてもではありませんが、本格的な海外派兵をできるような戦力など備えていないのです。むろん、他国を軍事的に制圧するような攻撃力などありません。

Q 5 集団的自衛権の行使が容認され、自衛隊が海外に派遣されることになると、日本はテロの標的になるのではありませんか？

◉日本を標的にしたイスラムテロはすでに起きている

この章の冒頭で紹介したように、衆議院の平和安全法制特別委員会（2015年7月1日）で鳥越俊太郎氏がそういうことを指摘していました。鳥越氏に限ったことではありませんが、残念ながら反対のための反対論の典型です。

西恭之氏によれば、実は、不特定多数の日本国民を標的にするイスラム過激派のテロは、1994年から起きています。自衛隊を派遣するかどうかとは関係なく発生しているのです。それを、あたかも日本が米軍などの後方支援を行なわなければテロの標的にされないかのような言い方をするのは、前提からして間違っています。

1994年に起きたテロとは、12月11日にフィリピン航空の飛行機が爆破された事件で、旅客機11機を太平洋上で爆破して数千人を殺害する「ボジンカ計画」の予行演習として行なわれたものでした。座席の下に爆弾が隠されており、その席に座った機械メーカー社員I氏（24歳、日本人）が爆発によって即死、飛行機は沖縄県の那覇空港に緊急着陸しました。

このテロ計画の資金源はオサマ・ビン・ラディンと、のちに2002年のバリ島爆弾テロの首謀者となるハンバリで、アルカイダとつながっていたのは明らかです。

このように、日本が自衛隊を派遣するか否かに関係なく、テロは起きるのです。

一般論で言えば、イスラム原理主義過激派は、7世紀から14世紀のイスラム世界を再現することを目標としています。アフガニスタンでタリバンがやっているように、中世のイスラム世界を作り出したいのです。ですから、近代文明を象徴する国はどれでもターゲットになり得るわけです。

日本は間違いなくターゲットの1つです。ただし、日本には、イスラム原理主義のテロリストがテロを実行するための人的資源が非常に限られています。そういう意味で、日本国内ではテロを実行しづらいというだけの話です。中東やヨーロッパ、そしてアメリカでテロが行なわれているのは、移民の二世、三世などホームグロウン・テロリストも含めて人的資源が確保でき、実行しやすいからです。

自衛隊派遣に結び付けてテロへの不安をあおるのは、自衛隊派遣反対論としても、テロ対策の議論としても、的外れでしかないのです。

Q 6 自衛隊や米軍の基地があると攻撃対象になり、国民は危険ではありませんか？

◉もしも自衛隊と米軍基地がなかったら？

沖縄の米軍基地や自衛隊配備への反対運動で、そんな主張をする人がいます。たとえば、2015年6月6日に宮古島で開かれた自衛隊配備反対派の集会でも、沖縄国際大学教授の前泊博盛氏（元琉球新報論説委員長）が「自衛隊の基地は攻撃の標的になる」と講演しています。「基地は（敵を引き寄せる）磁石だ」「私は宮古島に磁石になってほしくない」と前泊氏は言っています。

しかし、この議論は実に奇妙なものです。

確かに、ひとたび日本が武力攻撃を受ける事態になってしまえば、基地や軍事施設は真っ先に攻撃対象になります。そういう意味では前泊氏の言う通りです。では、日本に基地も米軍も自衛隊も存在しなければ日本は安全になるのでしょうか。これはまったく話が逆です。前泊氏の議論は、国家が自国を防衛するという次元で考えると、根本的に間違っているのです。

国家が抑止力を備えていれば、国家として攻撃される可能性が低くなり、それに伴って、個別の基地が攻撃される可能性もなくなるからです。

その抑止力とは、日本の場合、日本の防衛力と日米同盟、つまり自衛隊と米軍の組み合わせによって成り立っています。私は軍事専門家として独立した直後の１９８５年に出版した『在日米軍』（講談社）から『日本人が知らない集団的自衛権』（文春新書）まで、日本列島がアメリカにとって唯一の戦略的根拠地の位置付けにあることを紹介してきました。日本列島に展開する84カ所の在日米軍基地（２０１６年現在）は、太平洋の日付変更線からアフリカ南端の喜望峰までの地球の半分の範囲で米軍を支えているのです。

しかも、ほかの同盟国が代わることができないほど、重要な軍事的機能が日本列島には置かれています。会社にたとえれば、アメリカが東京本社なら日本は大阪本社で、ほかの同盟国は支店か営業所の位置付けなのです。国防総省管内で第2位（横浜市鶴見）と第3位（長崎県佐世保）の燃料貯蔵施設が置かれていることなどを知れば、その重要性がわかるでしょう。日本列島を失えば、アメリカは世界のリーダーの座から滑り落ちるといえるほどなのです。

だから、アメリカは旧ソ連に対しても「日本列島に対する攻撃は米本土に対する攻撃とみなす」と警告し続けてきました。２０１３年６月の米中首脳会談では、オバマ大統領が習近平国家主席に対して「中国はアメリカと日本が『特別な関係』にあることを理解すべきだ」と、東シナ海での中国の行動にクギを刺したほどです。とかく日本のメディアは「単なるリップサービスだろう」と受け流しがちですが、アメリカにとって日本列島は死活的に重要な戦略的根拠地なのです。

その日本列島を、日本は国防と重ねる形で守り、アメリカとの役割分担を果たしています。

◉戦争を防ぐためにこそ防衛力整備が必要

そう考えれば、南西諸島という日本防衛の空白域を埋めるために宮古島、石垣島に自衛

在日米軍の日本における配置図（『平成27年版防衛白書』より）

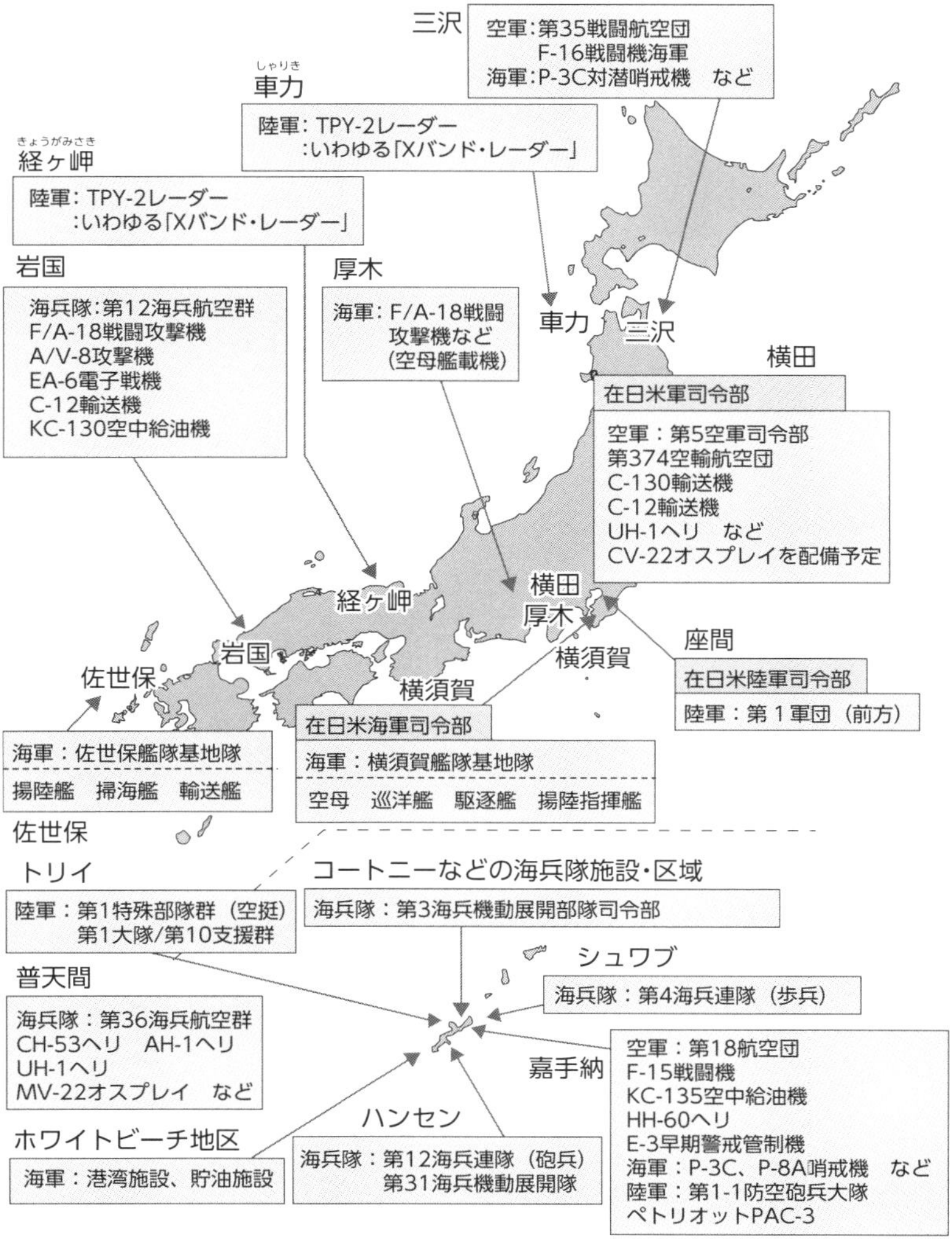
三沢
空軍：第35戦闘航空団
F-16戦闘機海軍
海軍：P-3C対潜哨戒機　など
車力《しゃりき》
陸軍：TPY-2レーダー
：いわゆる「Xバンド・レーダー」
経ヶ岬《きょうがみさき》
陸軍：TPY-2レーダー
：いわゆる「Xバンド・レーダー」
岩国
海兵隊：第12海兵航空群
F/A-18戦闘攻撃機
A/V-8攻撃機
EA-6電子戦機
C-12輸送機
KC-130空中給油機
厚木
海軍：F/A-18戦闘
攻撃機など
（空母艦載機）
車力
三沢
横田
在日米軍司令部
空軍：第5空軍司令部
第374空輸航空団
C-130輸送機
C-12輸送機
UH-1ヘリ　など
CV-22オスプレイを配備予定
経ヶ岬
横田
厚木
岩国
横須賀
座間
在日米陸軍司令部
陸軍：第１軍団（前方）
佐世保
横須賀
在日米海軍司令部
海軍：横須賀艦隊基地隊
空母　巡洋艦　駆逐艦　揚陸指揮艦
海軍：佐世保艦隊基地隊
揚陸艦　掃海艦　輸送艦
佐世保
トリイ
陸軍：第1特殊部隊群（空挺）
第1大隊/第10支援群
コートニーなどの海兵隊施設・区域
海兵隊：第3海兵機動展開部隊司令部
シュワブ
海兵隊：第4海兵連隊（歩兵）
普天間
海兵隊：第36海兵航空群
CH-53ヘリ　AH-1ヘリ
UH-1ヘリ
MV-22オスプレイ　など
嘉手納
空軍：第18航空団
F-15戦闘機
KC-135空中給油機
HH-60ヘリ
E-3早期警戒管制機
海軍：P-3C、P-8A哨戒機　など
陸軍：第1-1防空砲兵大隊
ペトリオットPAC-3
ハンセン
海兵隊：第12海兵連隊（砲兵）
第31海兵機動展開隊
ホワイトビーチ地区
海軍：港湾施設、貯油施設

隊の部隊を展開するのは、外国に手出しをさせないための抑止力を高める意味こそあれ、それが軍事攻撃の対象になるなどは、基本的にはあり得ないことなのです。

南西諸島の自衛隊基地に攻撃があるとすれば、どの国であれ、日米両国との全面戦争に踏み切ったとき以外にはありません。それは、攻撃する国にとっても、アメリカの反撃によって国家消滅を覚悟しなければならないほどの事態です。中国にしても、そのような選択をすることは非常に考えにくいのです。

中国と国境を接している日本は、そんな事態が起こらないよう中国の軍事的脅威を低減させるために防衛力整備を進め、日米同盟の深化に努め、同時に中国との友好関係を構築して、とりわけ経済的なメリットを共有しなければならない運命にあります。

そのためには、「基地があるから攻撃対象になる」といった妄言に惑わされず、防衛力整備を整然と進めなければなりません。

Q 7 平和安全法制が成立したことで、日本から戦車が海を渡って戦いに行くことになるのでしょうか？

◉そもそも日本に戦車部隊を送る輸送力はない

とんでもありません。戦闘単位としての戦車部隊を持って行くことなど、後方支援の範疇《はんちゅう》に入りませんから憲法改正しなければできないことですし、物理的にも不可能です。自動車を輸出するときのように、貨物船に戦車を積んでいけばよいという話ではないのです。

こんな人騒がせな発言をしたのは、テレビ朝日『ワイド！ スクランブル』（2015年9月17日放映）で同席した著名な憲法学者です。法律が成立したことを受けて、「これで戦車が海を渡る国になる」と断言するではありませんか。

Q4（35ページ）への答えで説明したように、海上自衛隊の総力を挙げても、輸送力は非常に限られたものでしかありません。戦闘単位の戦車部隊を送ることなどとうてい不可能です。

ここでは、私が教育を受けた旧ソ連やロシアの自動車化狙撃師団、つまり機械化歩兵師団をモデルに説明しますが、定員1万3000人、車両3000両（うち戦車約200両）の部隊と1週間分の弾薬・燃料・食料を積み込むだけで、なんと50万トンもの船腹量をくってしまうのです。

この船積みの計算式は世界共通のものですが、重量トンではなく容積トンで計算します。容積トンを使うのは、砲塔や砲身が出っ張っている戦車は、コンテナのように船倉に整然とは積めませんし、兵士も携行品もあれば生活空間も必要だからです。兵士１人は４容積トン、40トンの戦車は90容積トンという計算になるのです。

１９７０年代半ばに声高に叫ばれた「北方脅威論」にしても、この計算をもとに考えれば妄想に近い議論だったことがわかります。ソ連が極東にある小舟までかき集めても３個師団を載せるのがやっとで、これで北海道北部への侵攻を試みても、そして海軍、空軍、空挺師団、空中機動旅団、海軍歩兵旅団（海

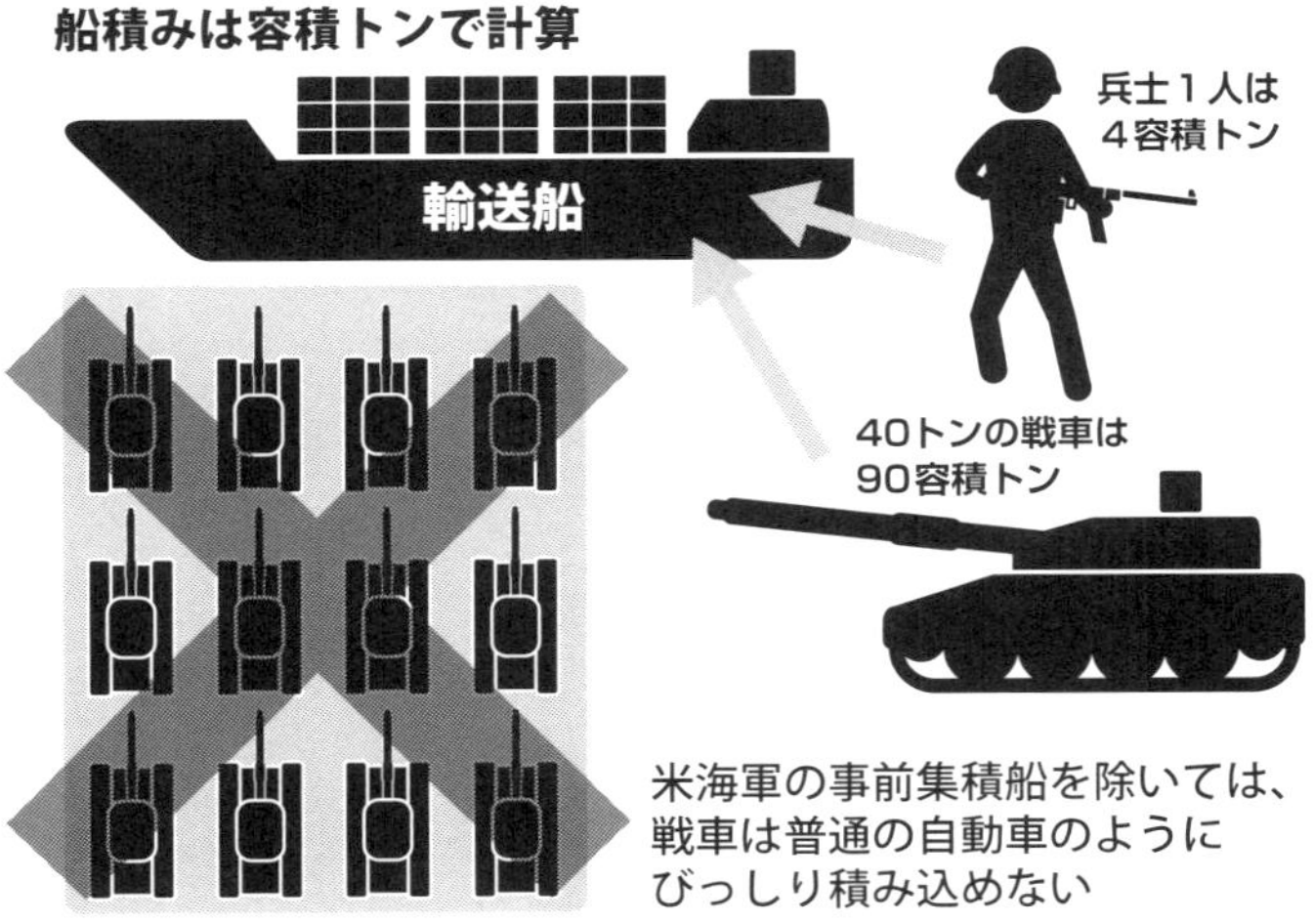
船積みは容積トンで計算
輸送船
兵士１人は
４容積トン
40トンの戦車は
90容積トン
米海軍の事前集積船を除いては、
戦車は普通の自動車のように
びっしり積み込めない

兵隊）を動員しても、半分は海の藻屑《もくず》と消えて、自殺行為としかいえなかったからです。

◉中国が台湾に侵攻できない理由

中国も同じです。アメリカ国防総省の年次報告書が「中国は台湾に対して、1度に1万人の上陸部隊しか投入できない」と書いたことがあります。中国といえども輸送船が圧倒的に足りず、揚陸艦《ようりくかん》の数も限られていますから、1回に投入できる部隊は1万人が限界なのです。対艦ミサイルなど上陸部隊を叩く台湾側の能力はずば抜けて高いので、中国側の上陸部隊の半分は台湾にたどり着けないと考えなければなりません。台湾を本当に占領しようと思ったら100万人ぐらいの上陸部隊を発進させることが必要なのです。それなのに1度に1万人の輸送能力しかないのではどうにもなりません。中国には台湾上陸侵攻の能力がない、というのがアメリカ国防総省の結論です。

定員9000人の陸上自衛隊の第2師団にしても、計算式は同じですから、外国での戦闘を前提に海を渡ろうとすれば、少なくとも25〜30万トンの船腹量を必要とすることになります。この憲法学者さんは、海上輸送能力をどこから持ってくるというのでしょうか。

海上輸送だけではありません。たとえば、1日に使う基本的な弾薬量も武器ごとに決まっているのです。その種のデータは「幕僚諸元」といいます。中身はマル秘ですから以下は実際の幕僚諸元の数字ではありませんが、たとえば1門の155ミリ自走榴弾砲《りゅうだんほう》は攻撃時には1日200発、防御時には1日100発撃つ。「遅滞行動《ちたいこうどう》」といって、前進してくる敵のスピードを鈍らせつつ後退していくときは1日90発撃つ、というように決まっているのです。

そのような決まりのもと、米陸軍の標準的な機械化歩兵師団（1万7000人）は攻撃時に1日2000トンの弾薬を発射します。陸上自衛隊の定員9000人の師団の場合、攻撃時には1日1000トンの弾薬を使います。兵員あたりの弾薬量はどちらも似通っており、ロシア軍でも大きな違いはありません。

そんなわけで、仮に陸上自衛隊の第2師団を戦車部隊を含むフル編成で海外の戦場に投入するときには、どんなに少なくとも最初の10日分として1万トン以上の大量の弾薬を持って行くことになります。もちろん、そんなことを日本政府が想定したことはありませんし、実行するには憲法改正が必要ですが、このように軍事というのは「数字の世界」なのです。この憲法学者のような妄想がまかり通ることはあり得ないのです。

整理しておきますと、「船積みの計算式」や幕僚諸元についての基礎的な軍事知識があれば、平和主義者であろうとなかろうと、「戦車部隊は簡単には海を渡れない」という点では同じ結論になるのです。これは平和安全法制に賛成・反対以前の問題です。イデオロギー的な立場を問わず、オピニオンリーダーたちにこのくらいの基礎的な知識がなければ、日本の安全と世界の平和を実現するための建設的な議論にはならないでしょう。

◉知っていますか？　正規軍同士が戦闘する場合の部隊編成

基礎的な軍事知識に欠けているのは民間の学者やオピニオンリーダーに限りません。内閣法制局も外務省もそうですし、意外かもしれませんが、実は防衛官僚ですらそういう面があるのです。

たとえば、私が国連の平和維持活動（ＰＫＯ）について、「憲法の枠内で日本が最大限の貢献をするための線引きはＲＣＴだ」と言うと、そのＲＣＴという言葉を防衛省内局のキャリア官僚で知っている人は一握りしかいませんでした。

ＲＣＴというのは「レジメンタル・コンバット・チーム（regimental combat team）」の頭文字を取った略語で「連隊戦闘団」と訳しています。複数の職種を組み合わせて1つの部隊に編成したものです。歩兵（自衛隊の場合は普通科）連隊を核にして、正規軍同士の戦闘に耐えるように編成し直すのが連隊戦闘団です。

　陸上自衛隊の普通科連隊は、もともと部隊装備火器と呼ばれる「盾《たて》」の役割の武器しか持っていません。正規軍同士の戦いでは相手もＲＣＴの編成でやってきますから、それと戦うには部隊装備火器だけでは相手になりません。普通科連隊に戦車中隊、特科（砲兵）大隊あるいは対戦車ミサイル隊、対戦車ヘリコプター飛行隊を配属して、「矛《ほこ》」の能力、つまりリーチの長い打撃力を備えることで、初めて本格的な戦闘に耐えられるわけです。

　ＲＣＴを組むことによって正規軍同士の戦闘が可能な部隊編成になるのですから、海外でこれをやろうとすれば、日本国憲法が禁じる武力行使にあたります。これができる憲

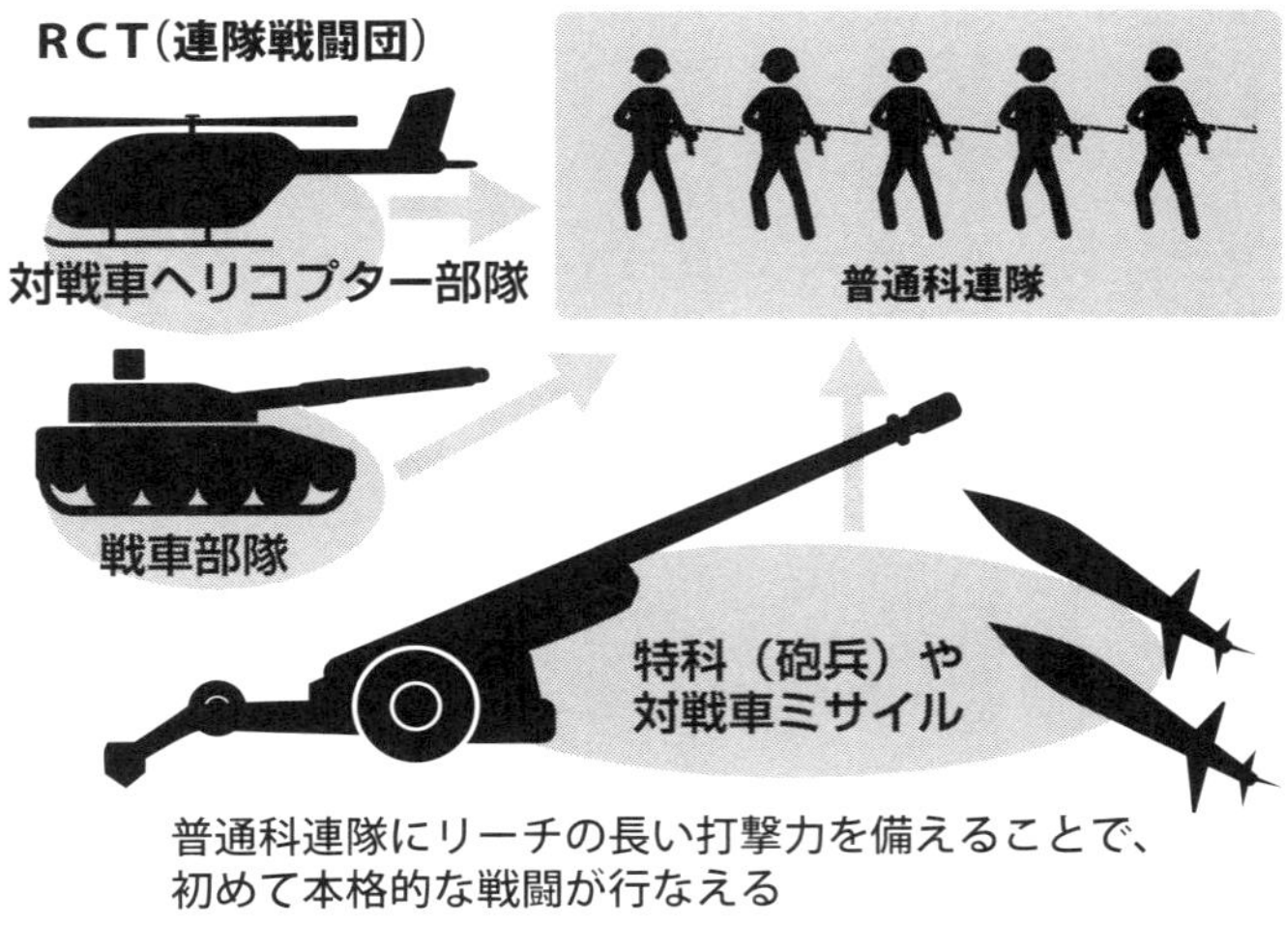

普通科連隊にリーチの長い打撃力を備えることで、
初めて本格的な戦闘が行なえる

法を持ち、戦車部隊ごと何個師団も海を渡らせる能力を備えて初めて、「戦争のできる国」なのです。もちろん、自衛隊はRCTを組める編成で海外に派遣されることはありません。

その一方、PKOの中心的な任務に当たるPKF（平和維持部隊）は、RCTを組まない状態、つまり普通科連隊が持っている部隊装備火器（盾）の範囲内で可能な「軍事組織を使った警察活動」です。だから、「RCTの編成が可能な部隊は海外派遣しない」ということで線を引けば、憲法をいじくったり解釈改憲しなくても、堂々と国際貢献できますよ、とモデルを示しているのですが、自衛隊の制服組はともかく、防衛省の内局官僚のほとんどがRCTという言葉自体を知らないのです。

◉政治家は軍事の基礎知識を身に付けるべき

武器に関する知識も幼稚です。2001年12月22日の奄美大島沖の不審船事件のときも、北朝鮮の工作船が積んでいた武器について、たとえば肩撃ち式のRPG7という対戦車ロケットが出てきたら、マスコミは「重武装」と書き立てました。しかし、あの程度の武器は私が15歳のときに陸上自衛隊で89ミリロケットランチャー（バズーカ）の訓練を受けた経験からしても「軽装備」なのです。ところが、警察や海上保安庁の人はピストルを基準に考えるものだから、「重武装だ」と驚いてしまう。これでは北朝鮮の思う壺です。

そんなことですから、政治家、官僚、メディア、オピニオンリーダーたちに、基礎的な軍事知識が欠けている現状を何とかしなければ、日本の安全を確かなものにし、世界の平和を実現することにはほど遠いと考えてきました。

私は以前から、政治家が率先して基礎的な軍事知識を身に付けるために、国会に常設委員会を設置すべきだと提案しています。委員会の名称は何でもかまいませんが、法案などの是非を議論するのではなく、国家安全保障に関して最低限必要と思われる基礎的な軍事知識を、政治家が与野党を挙げて身に付ける場にしていくのです。国会議員だけではなく、軍事の専門家や外国人研究者なども入れて、基礎知識を身に付ける作業を半永久的に続けるべきだと思います。

平和安全法制の中には、「これを実施する場合は原則として国会の事前承認が必要」などと決めた事柄が少なからずあります。ところが、政治家に基礎的な軍事知識が欠けたまま、国会で事前承認を得ようとすれば、国会が学級崩壊状態になって、何1つまとまらない。これでは、国際貢献を迫られていても、安全を確保した状態で自衛隊を派遣することはできません。

世界の平和と日本の安全について大きな見取り図を描き、国際貢献任務に派遣される自衛隊の安全を確かなものにできるレベルの国会の審議をするためには、国会議員の皆さんには、自衛隊の初級幹部を何年か務めて備わるくらいの基礎的な軍事知識が必要だと考えています。

Q8 「集団安全保障」と「集団的自衛権」は、どこが、どう違うのですか？

◉集団安全保障は「体制・仕組み」、集団的自衛権は「権利」

集団安全保障とは、国際社会全体で武力行使を抑制するために作る体制のことです。具体的には、国連の安全保障理事会を中心とする、国連加盟国すべてに適用する安全保障体制を意味します。国連加盟国の中には、互いに潜在的に敵国である国々も含まれていますが、そういうすべての国々を含めて集団で作る「体制」です。

集団安全保障は国連憲章の第7章と第8章で規定されています。いずれかの国が不法な武力攻撃を他国に対して行なうなど、国連の取り決めに対する違反があったときは、安全保障理事会が中心になって協議し、国連加盟国が制裁を行なう仕組みになっています。制裁には直接に軍事力を行使する軍事的措置と、加害国への経済制裁のような非軍事的措置があります。国連加盟国すべてがこのような体制で不法な武力行使を抑制しよう、というのが、集団安全保障です。

いっぽう集団的自衛権は、Q1（20ページ）で解説したように、自国が直接攻撃されていなくても、同盟国などに対する攻撃を自国に対する攻撃とみなして、共同で防衛することができるという国際法上の「権利」を意味します。

このように、集団安全保障は「体制」ないし「仕組み」、集団的自衛権のほうは「権利」

集団安全保障と集団的自衛権の違い

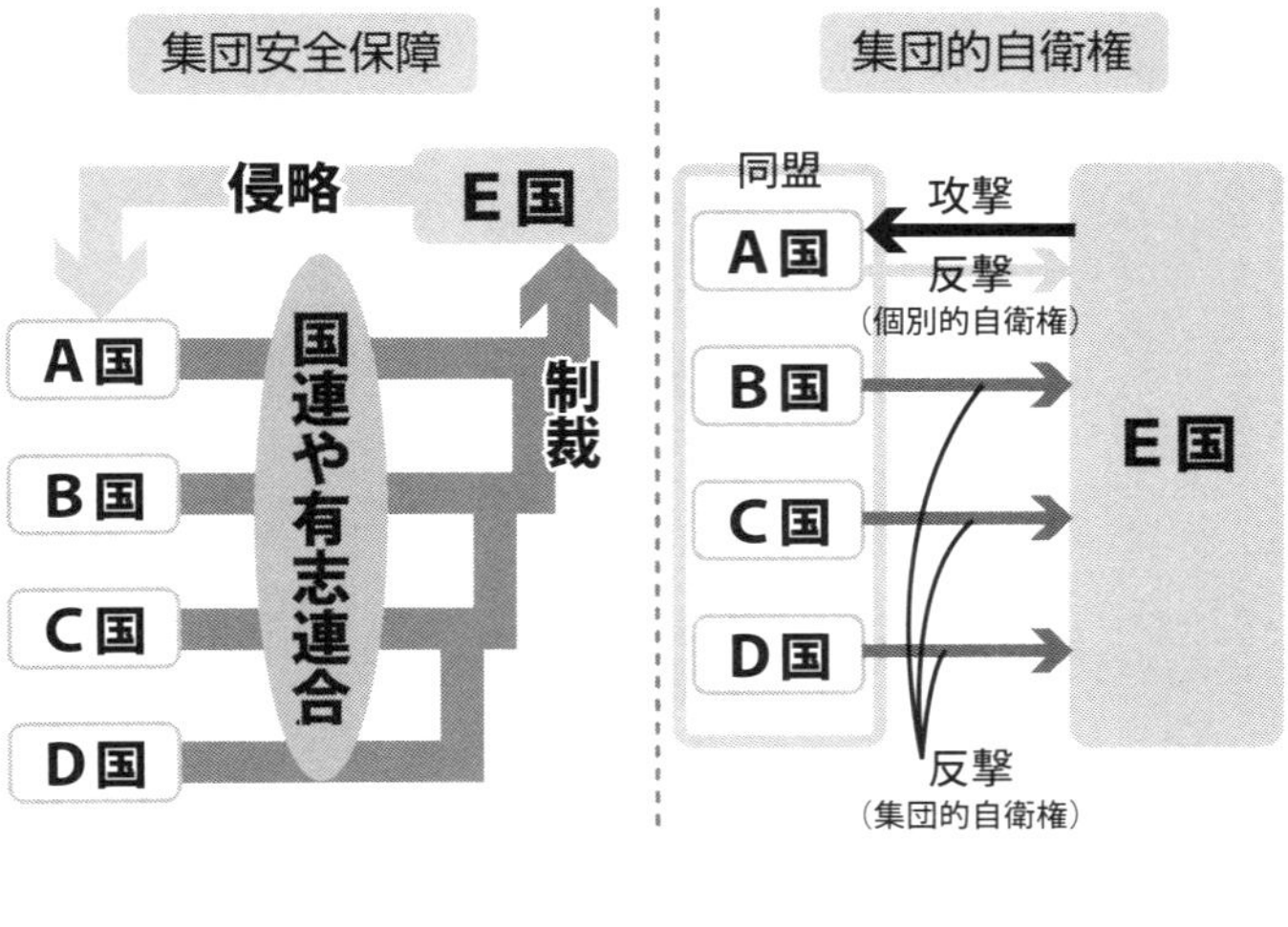

ですから、もともと次元の違うものなのです。

◉同じ「集団」でも、意味するものは違う

集団安全保障は、不法な武力攻撃が行なわれてから措置を決定するまでにどうしても時間がかかりますし、安全保障理事会の常任理事国（米露中英仏）の1カ国でも拒否権を行使すれば措置は実行されませんから、すべてが国連憲章の狙い通りにうまくいっているわけではありません。それでも、平和を乱す国に対する非難決議や経済制裁決議を重ねてきましたし、軍事措置でも一定の成果をあげてきています。また、拒否権の発動などで国連決議が出ない可能性が大きい場合などは、イラク戦争のように「有志連合（Coalition of the willing）」という形で集団安全保障の枠組みを作る方向が生まれています。

すでに述べたように、北大西洋条約機構（NATO）やワルシャワ条約機構などは、条約加盟国のどれかが攻撃されたらそれを加盟国全体への攻撃とみなして反撃する権利、つまり、集団的自衛権の考え方によって結成されたものです。

それにもかかわらず、ときどきNATOのような地域的な同盟が「集団安全保障」と呼ばれることがあって紛らわしいのですが、これはあくまでも集団的自衛権によって特定の

国が集まって同盟を作り、第三国の脅威に対して自分たちを共同で守る「集団防衛」(collective defense)のことです。これに対して、集団安全保障の「集団」は、あくまでも国連の全加盟国や有志連合への参加国を指しますので、間違えないように注意してください。

◉外務省OBですら混同している

NATOのような集団的自衛権による「集団防衛」を「集団安全保障」だと誤解してきたところに原因があるのだと思いますが、外務省高官のOBですら、「集団安全保障」と「集団的自衛権」を混同した発言をしているケースがあるのです。たとえば岡本行夫氏と言えば、北米第1課長や安全保障課長を務めた経験があり、退官後も総理大臣補佐官を2回も務めた外交エリートです。その岡本氏にしてからが、海賊対処を「集団的自衛権の行使」と見ているようなのです。

朝日新聞社のウェブマガジン「WEB　RONZA」に連載された「安保法制賛成の意見も聞いて下さい」(2015年9月24日、25日、28日の3回連載)の中で、岡本氏は「集団的自衛権には、日本にとっての『良い集団的自衛権』と『悪い集団的自衛権』があると思うのです。『良い集団的自衛権』とは、日本を他国の軍隊の協力を得て一緒に守るための武力行使です」と言い、その「良い集団的自衛権」の例として、アラビア海での海上自衛隊による海賊対処をあげています。「いろいろな国の船舶を、各国の海軍と海上自衛隊が分担して護衛する」ことを「『集団的自衛』そのもの」と断言しています。

現在の海賊対処は相手が単なる海賊という無法な襲撃者だから、「警察行動」とみなされ、集団的自衛権の行使対象にはならない。しかし、海賊行為を働いている相手がＩＳ（いわゆる「イスラム国」）など国家に準ずる組織や、国家そのものである場合は、集団的自衛権の行使の対象になる。そのとき海上自衛隊が何もしないのはおかしい。だから、「良い集団的自衛権」の行使として、これを認めるべきで、安倍政権による集団的自衛権の行使容認に賛成だ、というのが岡本氏の考え方です。岡本氏はＮＨＫの『日曜討論』でも同じ主張をしています。

実は、こうした主張を外務省ＯＢからよく聞きます。２０１５年４月、ある金融機関の講演会で私の直前に登壇した外務事務次官ＯＢの野上義二氏も、「自衛隊の南スーダン派遣やイラク復興支援などのＰＫＯ活動は集団的自衛権の行使だ」と断言していました。

しかし、これらの外務省ＯＢの見解は間違っています。海賊対処やＰＫＯは集団的自衛権の行使ではなく、国連やそれに準じた有志国による集団安全保障への参加です。

◉海賊対処が集団的自衛権の行使ではない理由

まず海賊対処について説明しましょう。

集団的自衛権の行使には、個別的自衛権行使の条件である「必要性」（相手国の攻撃が差し迫っており、ほかに手段や時間がない）と「均衡性」（自衛のための最低限度内のものでなければならない）に加えて、武力攻撃を受けた国がその旨を表明すること、武力攻撃を受けた国が第三国に対して援助要請をすること、の２つが必要な条件とされています（１９８６年、国際司法裁判所のニカラグア事件判決）。しかし、海賊対処はこれらの条件を満たしていません。海賊対処のために軍艦を出している各国に、攻撃を受けた船の所属国から、攻撃された旨の連絡や援助要請があるわけではないからです。

また、海賊対処が集団的自衛権の行使でないことは、海賊対処の現場でどんな国の軍艦が共同行動をとっているかを見るとよくわかります。たとえば、２００９年1月から始まった海賊対処にたずさわる合同海上部隊第１５１合同任務部隊（ＣＭＦ　ＣＴＦ－１５１）は、日本、アメリカ、イギリス、トルコ、シンガポール、韓国、パキスタン、デンマーク、タイなどの艦艇が参加協力しています。これらの国の軍艦が「集団的に護衛する」のはどこの船かといえば、パナマ船籍や、事実上は日本船が多いかもしれませんが、基本的にバラバラです。通過する船を分け隔てなく守っています。これのどこが集団的自衛権の行使なのでしょうか。

◉日本のタンカーを護衛する中国海軍

あまり知られていませんが、中国海軍も2008年からソマリア沖の海賊対策に駆逐艦や補給艦を出しています。2010年12月14日には、中国海軍が護衛中だった日本の大東通商に所属するケミカルタンカー「オリエンタルローズ」（船籍パナマ）が武装船から攻撃を受け船員がケガをした、と朝日新聞が報じたこともあります。

海賊対処が集団的自衛権の行使だとすると、日本の船を護衛する中国軍は、日本船が攻撃されることを自国に対する攻撃とみなして反撃するという関係になります。いっぽう日本の同盟国アメリカは、中国が日本の尖閣諸島に手出ししたら、集団的自衛権を行使して反撃する立場です。そうなると、外務省OBたちがいうように海賊対処の現場で日本と集団的自衛権で結ばれているとしたら、中国はアメリカのような密接な関係にある国なのか、それとも尖閣諸島の領有権でもめている（潜在的な）敵国なのか、どっちなのかわからない、という話になってしまいます。そんなことはあり得ない話です。

実は、尖閣諸島の国有化でぎくしゃくするまで、中国海軍と海上自衛隊はソマリア沖の任務が休みのとき、互いの船を並べて懇親パーティーなどをやっていました。海賊対処という同じ任務についた仲間同士が「一杯やって友好親善を深めよう、乾杯！」というわけです。私は中国の将軍と「あれをまた復活したいね」と話したことがあります。集団安全保障の現場ならではの光景です。

整理しておくなら、合同海上部隊第１５１合同任務部隊のような海賊対処は有志国による集団安全保障の１つであり、集団的自衛権ではないということです。

国連ＰＫＯのほうも同様です。ＰＫＯというのは、紛争地域の当事者に対し、中立な立場で、平和回復を目的に、停戦状態を維持させるための他国の軍隊による治安維持活動です。２０１１年に平和維持活動における紛争当事者に対する原則を「中立」から「公平」に変えていますが、いずれにしても国連安保理または総会の何らかの決議に基づく集団安全保障であることに間違いありません。

外務省の事務次官経験者が、ＰＫＯやイラクへの自衛隊派遣を集団的自衛権の行使と発言したのは、安全保障に関する外務省のレベルを物語っています。仮にイラク復興支援が集団的自衛権の行使だとすれば、小泉政権は、当時の内閣法制局が憲法違反と考えていたことを実行したことになってしまうではないですか。集団安全保障と集団的自衛権を混同している人が、外務省高官OBにいるのは残念なことです。

また、岡本氏の寄稿を読んで、集団安全保障と集団的自衛権を混同していることに対してチェックが働かない朝日新聞の不勉強も問題です。デスクや校閲部が混同に気づいてチェックする能力があれば、岡本氏のケースは生じなかったでしょう。

◉朝日新聞も、「集団安全保障」と「集団的自衛権」を混同し、「訂正」した

岡本氏の寄稿は2015年ですが、実はその前年にも朝日新聞は「集団安全保障」と「集団的自衛権」を混同した記事を掲載しました。アフガニスタンに派遣されたドイツ軍の犠牲について取り上げた、2014年6月15日付朝刊の1面トップの記事です。抜粋して引用します。

〈集団的自衛権　海外では〉後方支援、独軍55人死亡　アフガン戦争

安倍晋三首相は日本が集団的自衛権を使えるようにするため、行使を限定すること

で公明党の理解を求め、閣議決定する構えでいる。限定するという手法で実際に歯止めが利くのかどうか。集団的自衛権をめぐる海外の事例のうち、ドイツの経緯を追った。

1990年代に専守防衛の方針を変更し、安倍首相がやろうとしている解釈改憲の手法で北大西洋条約機構（NATO）の域外派兵に乗り出したドイツは、昨年10月に撤退したアフガニスタンに絡んで計55人の犠牲者を出した。（略）

ドイツは戦後制定した基本法（憲法）で侵略戦争を禁じ、長らく専守防衛に徹してきた。だが、91年の湾岸戦争でアメリカから「カネを出しただけ」などと批判を浴び、当時のコール政権は基本法の解釈を変更してNATO域外にも独軍を派遣する方針に転換。連邦裁判所は94年、原則として議会の事前承認がある場合に限り、独軍のNATO域外活動を合憲と認めた。

2001年の米同時多発テロで、NATOはアメリカ主導のアフガン戦争の支援を決定。ただ、独国内では戦闘行為への参加に世論の反発が強く、当時のシュレーダー政権は米軍などの後方支援のほか、治安維持と復興支援を目的とする国際治安支援部隊（ISAF）への参加に限定した。（略）

独軍によると、アフガンに派遣された02年から今年6月初旬までに、帰還後の心的外傷後ストレス障害による自殺者などを含めて兵士55人が死亡。このうち35人は自爆テロや銃撃など戦闘による犠牲者だったという。

掲載当日に私は誤報だと指摘しましたが、この記事は「集団安全保障」と「集団的自衛権」を混同した上、ドイツが実際に集団的自衛権をアフガニスタンで行使したケースを見落としていました。私の同僚の西恭之氏は、この誤報について次のように指摘しています。

この記事は、ドイツ軍の国際治安支援部隊（ＩＳＡＦ）への派遣を、あたかも集団的自衛権の行使であるかのように取り上げている。しかし、ＩＳＡＦは国連安全保障理事会が、タリバン政権崩壊直後のアフガン情勢を、「国際の平和と安全に対する脅威」と認定したため、２００１年12月20日の安保理決議１３８６号において承認した、集団安全保障活動である。特定の国への武力攻撃に対する集団的自衛権の行使ではない。

［メルマガ「ＮＥＷＳを疑え！」２０１４年６月19日号「朝日新聞が誤報したドイツの集団的自衛権行使」］

◉訂正記事が出たのはなんと約1年後！

私が混同による誤報だと指摘した1週間後、朝日新聞は「やさしい言葉で一緒に考える集団安全保障」（6月22日付朝刊3面）と題して、集団安全保障と武力の行使に関する解説記事を大きく掲載しました。一見、集団的自衛権と集団安全保障の違いを読者にきちんと伝えるかのような姿勢を見せながら、自分たちが両者の混同による誤報をしたことにはまったく触れていない、不誠実な記事でした。

朝日新聞はその後、なんと翌年の5月30日、私が誤報を指摘してから11カ月と半月も経ってから、やっと事実上の訂正記事を出しました。

事実上の訂正記事は、「憲法解釈変えアフガン派兵55人犠牲　独軍と同じ道　野党懸念ＰＫＯ法改正案」とする記事の最後に、申し訳程度に掲載されています。

朝日新聞は昨年6月15日付朝刊にシリーズ企画「集団的自衛権　海外では」の一つとして「平和貢献のはずが戦場だった／後方支援、独軍55人死亡」などの見出しでドイツ軍のアフガニスタン派遣に関する記事を掲載しました。ドイツ軍は当初、ＮＡＴＯ

による集団的自衛権で兵士を派遣し、集団安全保障の枠組みに切り替えましたが、記事ではそうした経緯に触れなかったため、派遣全体が集団的自衛権に基づくという誤解を招きました。今回、関連の記事を掲載するにあたり、記事の中で経緯を詳しく説明しました。

この「訂正記事」もやはり不誠実なことに変わりはありません。私は5月30日、この事実が広く知られるよう次のようにツイートしました。

朝日新聞が今日の朝刊4面で昨年6月15日朝刊1面トップの誤報について、事実上の訂正記事を出しました。まだまだ姑息《こそく》の域を出ておらず、新聞の使命を忘れた内容が問題。「誤解を招いた」とはなんたる言いぐさ。歴史を編む当事者として、学者の引用にも応えるように、事実関係を明記すべし。

一般社団法人日本報道検証機構（GoHoo）もこの朝日の誤報を再三指摘しています。

私は、朝日新聞の訂正記事を取り上げた日本報道検証機構の記事をフェイスブックでシェアするにあたり、次のようにコメントしました。

最初に朝日新聞の誤報（昨年6月15日付け1面トップ）を指摘した立場で言いたい。日本新聞協会の新聞倫理綱領には「新聞は歴史の記録者」と記されている。歴史の記録者とは、責任を持って歴史を編んでいく使命感への自覚を求める言葉でもある。新聞記事は研究者の論文にも引用される。誤報した点を明らかにしなければ、新聞としての使命を果たしたことにならないではないか。少なくとも、専門家の一員である私に対して「誤解を招いた」などと言えるのか？　誤解した可能性があれば指摘などしていない。客観的エビデンスがあるから指摘したし、自発的に訂正するように求めたのだ。そのようにして誤魔化すのは、まさしく隠蔽《いんぺい》であり、それが昂じれば捏造《ねつぞう》という犯罪をも生むことを忘れてはなるまい。

◉小島慶子さんのまっとうな意見

その後、6月27日付の朝日新聞で、訂正記事とは違う形で1つの「釈明」が行なわれました。記事は朝日新聞のパブリックエディターの1人、小島慶子さん（タレント、エッセイスト）

の署名原稿で、オピニオン面（16面）の下側に「（パブリックエディターから）安保、正確な情報の提示を」という見出しのもとに掲載されました。

あまりにも下のほうにあったもので、日本報道検証機構の楊井人文代表からの連絡で初めて気づいたくらいでした。朝日としても、目立つ場所に掲載するのには社内的な抵抗があったり、気が引けたりしたのかもしれません。

パブリックエディター（ＰＥ）は２０１５年４月、朝日新聞が読者と誠実に向き合っているかについて自己検証するために設けた制度で、小島さんのほか、河野通和さん（新潮社『考える人』編集長）、高島肇久さん（元ＮＨＫキャスター）が委嘱されています。

少し引用が長くなりますが、小島さんの署名記事を紹介します。小島さんの記事は、冒頭で朝日の誤報の内容と、防衛大学校名誉教授の佐瀬昌盛氏や私から指摘を受けたこと、日本報道検証機構からも質問状が届いたことなど、これまでの経過をまとめた上で、次のように述べています。

私は後方支援の危険を訴える見出しの左側につけられたタイトルカットに注目しました。日本列島の図柄をバックに太字で「集団的自衛権」とあり、左脇に黒地に白字で

「海外では」。記事の前文と結びに「集団的自衛権をめぐる海外事例」という文言もありますので、読者は「これは『集団的自衛権を行使したドイツでは、後方支援で死者が出た』という記事だな」と思うでしょう。朝日新聞の編集責任者である長典俊ゼネラルエディター（GE）は「集団的自衛権から集団安全保障へ移行した中、後方支援でも戦闘に巻き込まれた独軍の事例を紹介した」と説明。そうであれば、移行の過程や「集団的自衛権と集団安全保障の違い」について詳しい説明が必要です。

私は、朝日新聞は昨年の一連の問題を反省し、「読者がどのような目で朝日の報道を見ているか」ということに、もっと敏感になるべきだと思っています。この記事では「適切な説明を省いて、集団的自衛権を行使したら死者が出た、と読者に印象付けようとしたのでは？」と不信感を持たれても当然でしょう。いま読者にとって一番大切なのは、正確な知識に基づいて日本の安全保障のあり方について考えること。会議ではPEから「読者の理解に役立つよう、後方支援の実態や安全保障の種類について大型記事などで改めて丁寧に解説するべきだ」と提言し、長GEは「タイミングを見て、海外の現場ルポなどで、後方支援の問題を改めて取り上げたい」と発言しました。

その後、5月28日の国会審議で、PKO協力法改正案について共産党の志位和夫委員長がドイツのアフガン派兵の例を挙げ、自衛隊が戦闘行為に巻き込まれる懸念を表明。朝日はその発言を用いる形で、30日の記事で独軍の事例を改めて紹介した上で、「昨年六月の記事では、独軍のアフガン派遣全体が集団的自衛権に基づくという誤解を招いた」などと添えました。読者からは「過去の記事も載せるべきだ。何が問題か分からない」という声が寄せられ、PEも「説明不足で読者に不親切だった」などと評しました。

なぜ中途半端な説明になったのか。長GEは「PEの発言も踏まえ、丁寧にリアルに伝えるのが大事だと判断し、海外ルポを準備していた。しかし国会で話に出たので、急きょ一年前の記事のこともふれる形で説明した」「これからは読者の声に素直に、敏感に反応した記事を出していきたい」と答えました。安保法制問題が続く中、今後朝日がどのような報道をするのか、注視していきます。

◉健全で強力なジャーナリズムが日本を成熟させる

小島さんの論考はしごくまっとうなものです。その小島さんをパブリックエディターに起用し、誤報が生じた経過にまで踏み込んで検証した署名原稿を掲載したことで、朝日新聞の改革への姿勢も、少しは期待してよいものがあると思わせる部分がないではありません。

しかし、まだ納得できないのです。「この期に及んで」という印象さえあります。それは、朝日新聞社としての訂正と経過説明がないからです。外部の有識者（パブリックエディター）に署名原稿を書かせ、それを掲載したとしても、まだ「誤報したわけではない」「訂正したわけではない」「外部の人が書いた署名原稿だから」と言い抜けられる余地を残しているからです。

朝日新聞の釈明について、小島さんは「朝日新聞の編集責任者である長典俊ゼネラルエディター（GE）は『集団的自衛権から集団安全保障へ移行した中、後方支援でも戦闘に巻き込まれた独軍の事例を紹介した』と説明」と記しています。そうであれば、なぜ小島さんが言うように「移行の過程や集団的自衛権と集団安全保障の違い」について説明できないのでしょうか。この移行過程については、時系列に整理すれば簡単に確認できるもので、西恭之氏が指摘した通りです。

こんな簡単な作業が抜けていた結果の誤報ということであれば、取材がずさんだったといさぎよく認めるべきです。将来、会社の幹部になっていく執筆した中堅記者のキャリアに傷がつかないようにかばい、日本新聞協会の新聞倫理綱領にある「新聞は歴史の記録者」という使命に背き、読者と誠実に向き合う姿勢に欠ける限りは、何を言っても信用してもらえないでしょう。

私は民主主義を機能させる「国民（納税者）の代表」の中心はジャーナリズムだとする立場です。健全で強力なジャーナリズムこそが、日本を世界の範たる国に成熟させていくと考え、静岡県立大学でジャーナリズムのコースを開設し、ゆくゆくは国際水準を満たしたジャーナリストを育成すべく、タネを蒔いたところです。

その立場から、月刊誌『Journalism』を出版し、社内に「ジャーナリスト学校」を備える朝日新聞には、期待するところが少なくないのです。

今回の訂正記事もどきや、外部の有識者の署名原稿でお茶を濁すやり方は、ジャーナリズムであることを標榜《ひょうぼう》する朝日新聞の姿勢が見せかけにすぎず、看板倒れに終わる可能性を物語ってあまりあるものです。

私は、朝日新聞が紙面にエビデンスを列記した訂正記事を掲載することを望んでいるわけではありません。そうした取り組みは、せっかく月刊誌『Journalism』を出版し、「ジャーナリスト学校」があるのですから、そちらできちんと検証すればよいと思っています。

しかし、ジャーナリズムとしてのプライドがあれば、次のような訂正記事くらいは誤報の指摘があったらただちに掲載してほしいものです。

二〇一四年六月十五日付け「集団的自衛権　海外では」の記事で、ドイツ軍のアフガニスタン派遣を集団的自衛権の行使としているのは、「二〇〇一年十二月二十日の国連安保理決議一三八六号で承認された集団安全保障措置による国際治安支援部隊（ISAF）としての派遣」の間違いであり、「独軍がアフガンに派遣された〇二年」としたのも間違いでした。ドイツは二〇〇一年九月十一日のアメリカ同時多発テロ直後の十月、集団的自衛権と北大西洋条約機構（NATO）条約の責務に基づき特殊部隊をアフガニスタンに派遣しています。事実関係の確認が不十分でした。訂正します。

◉誤報の指摘にほっかむりしたままの毎日新聞

朝日新聞ばかりでなく、ほかの新聞にもしばしば見られることですが、誤報を指摘されて逃れられないとわかると、「修正しますから」と言ってくるケースがあります。

しかし、正確な訂正記事を伴わない「修正」は誤報を隠蔽するものですから、ジャーナリズムが手を染めてはならない犯罪に近い行為なのです。そうした隠蔽工作がまかり通る中で、捏造のケースが生まれてくることは、忘れてはならないでしょう。

ところで、集団安全保障と集団的自衛権の混同による誤報は、朝日新聞だけではありません。毎日新聞も、朝日の誤報を引き写したとしか思われない記事を2014年7月6日付紙面に掲載しました。私は毎日新聞にも指摘したのですが、ほっかむりをしたままです。その上さらに、2015年7月5日付毎日新聞朝刊は、「ことば：ドイツ軍と集団自衛権」として次の記事を掲載しました。

ドイツ軍（旧西独軍）は一九五五年の加盟以来、北大西洋条約機構（NATO）の中核を担う。NATO軍は集団的自衛権に基づく共同防衛を規定。加盟国への攻撃を全体への攻撃とみなし防衛する。ただ、集団的自衛権発動は、二〇〇一年の米同時多発テロでアメリカに空中警戒管制機を飛ばすなどの対応一件だけ。独軍は一九九二年、カンボジアの国連平和維持部隊に衛生兵を派遣して以来、域外派兵にも取り組む。

これが誤報であることは、ドイツの集団的自衛権の行使は「アメリカに空中警戒管制機を飛ばすなどの対応一件だけ」ではなく、その中心は2001年9月11日の同時多発テロ直後の特殊部隊のアフガニスタン派遣であったこと、ドイツは空中警戒管制機を保有しておらず、要員を派遣しただけだったこと、でも明らかです。

知人が少なくない毎日新聞ですが、このままでは国民から相手にされなくなる日も遠くないかもしれないと思い、寂しい気持ちです。

Q 9 平和安全法制をめぐって、「集団的自衛権行使を認めた場合、戦争の歯止めがあいまいだ」という議論がありました。軍事的暴走を防ぐにはどのような歯止めをかけるべきでしょうか？

◉むしろ戦争の歯止めになる集団的自衛権

意外に思われるかもしれませんが、民主主義国家にとっては集団的自衛権こそ、自分の国や同盟関係にある国を軍事的に暴走させないための歯止めなのです。このことは、少なくとも先進国の専門家の間では常識なのですが、日本では「集団的自衛権の行使容認イコール暴走の危険性」のように論じられてきました。

　このような常識からズレた議論になる原因の1つには、個別的自衛権と集団的自衛権が「あたかも別物のように」切り離されて論じられるという、日本でしか通用しないとらえ方があります。たとえば、アメリカに向けてミサイルが発射され、日本に対する攻撃がない場合は集団的自衛権の行使で対処する、日本に向けてミサイルが発射された場合は個別的自衛権で反撃する、といったものです。

　この言い方自体は間違いではありませんが、想像力に欠けた机上の空論の域を出ていないと言わざるを得ません。

　考えてみればわかることです。前者の場

個別的自衛権と集団的自衛権は常に一体で行使される

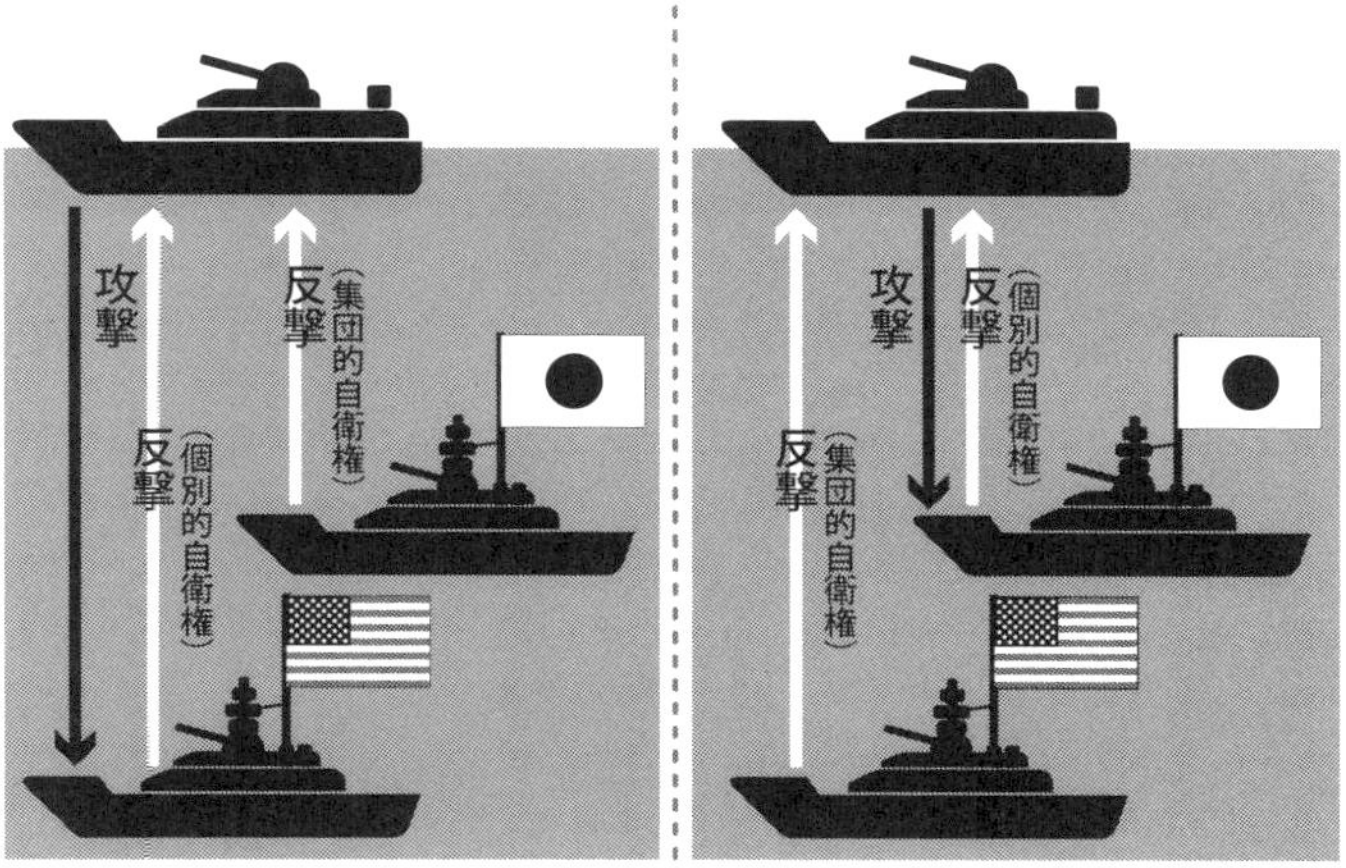

合、ミサイル攻撃を受けたアメリカは個別的自衛権を行使し、日本など同盟国は集団的自衛権を行使するし、後者でも、日本がミサイル攻撃を受けたときには日本が個別的自衛権を行使するいっぽう、アメリカは集団的自衛権を行使することになるからです。

要するに、個別的自衛権と集団的自衛権は重なっていて、一体として行使されると考えるべきものなのです。

その現実は、同僚の西恭之氏のコラム（メルマガ「NEWSを疑え！」2014年6月5日号「集団的自衛権のほうが戦争を防止できる」）に次のように記されています。

> ドイツ再軍備に至る歴史によって明らかになるのは、西側諸国が二度の世界大戦から導いた貴重な教訓、すなわち、個別的自衛権よりも、民主国家の集団による自衛権のほうが濫用《らんよう》しにくく、武力行使に対する歯止めにもなるという教訓である。そうした思想のもと、西ドイツは個別的自衛権を単独で行使できない形でのみ、再軍備を認められることになった。

Q3（30ページ）への回答でも紹介したように、NATO諸国は西ドイツにかなりの規模の駐留軍を置いてソ連の抑止を図りました。西ドイツの防衛がＮＡＴＯ諸国の安全にとって必須であるいっぽう、西ドイツが軍事強国としてよみがえり、ナチスの悪夢の再来になることは、ＮＡＴＯ諸国にとって受け入れられません。西ドイツに再軍備させつつも軍事的な突出や暴走をさせないようにするためにＮＡＴＯ諸国と西ドイツが交渉を重ねて知恵を絞った結果、「西ドイツの自衛権は、ＮＡＴＯ諸国が集団的自衛権を行使する中でのみ行使される」という条件が合意されました。

西ドイツ政府はドイツ連邦軍の作戦指揮をすることは許されず、冷戦期を通じて現役部隊すべてがＮＡＴＯの指揮系統に組み込まれていました。ドイツが自国の安全のためだけに個別的自衛権を用いて暴走する事態が起きないよう、集団的自衛権によって、まさに歯止めをかけているわけです。

◉集団的自衛権が歯止めとして機能した湾岸危機

ドイツだけではありません。ある国が軍事的に暴走したり突出したりすることが集団的自衛権によって抑制された例として、湾岸危機（１９９０年）におけるアメリカのケースがあります。

アメリカのジェームズ・ベーカー国務長官は湾岸戦争（1991年）への協力を引き出すため、同盟国やアラブ諸国の首脳に要請を重ねたわけですが、日本以外の国は例外なく「ノー」を連発し、アメリカの要求を値切り倒したのです。その結果、アメリカの行動は思うがままに行動することに比べて半分くらいのレベルに抑制されたのです。異論をはさむことなくアメリカに130億ドル（当時のレートで1兆6500億円）を提供したのは日本だけでしたが、ベーカーの回顧録『シャトル外交　激動の四年』（新潮文庫、1997年）ではたった1行半の記述しかなく、軽く扱われるはめになりました。「ノー」を連発した国々がベタ褒めされているのとは無残なまでに対照的です。国益を主張しない国は軽蔑されるのが国際社会の常識なのです。

ドイツの例も、湾岸危機でのアメリカの例も、日本の官僚や学者が知らなかった集団的自衛権の現実です。

これを国内政治に当てはめてみると、集団的自衛権行使容認に関する連立与党・公明党の姿も、国益を前面に出してアメリカに「ノー」を突きつけた湾岸危機当時の同盟国と同じだと考えてよい面があります。

一貫して「平和の党」の看板を掲げてきた公明党は、ややもすれば前のめりになりがちの安倍晋三政権の姿勢にブレーキをかけ、結果的に「限定行使容認」という着地点に導きました。

その結果、日本の集団的自衛権行使に制約が生じたことは否定できませんが、その与党・公明党を説得し、望ましい形に近づける力を磨くという課題を自民党に負わせた意味、そして、それに自民党が応えた意味は小さくないと思います。

これこそ、湾岸危機で抵抗したＮＡＴＯの同盟国に対して、それ以来、アメリカが一貫して同盟関係維持のために注力してきたことにほかならないからです。

最初から「自衛権」という言葉を振りかざすと、何やら難解な印象を受けますが、政党や社内派閥など身近な例に置き変えてみると、理解が進むのではないかと思います。

第2章

読めばわかる平和安全法制

◉国民の8割が「政府は説明不足」

2016年3月29日、平和安全法制が施行されました。安倍晋三首相が安保法制懇（安全保障の法的基盤の構築に関する懇談会）を2013年2月に設置して以来、2015年9月19日に参議院本会議で可決・成立するまで、約2年半の間に多くの議論が重ねられ、マスメディアでも盛んに報道されたはずなのに、どの世論調査でも「政府は説明不足」と思っている人たちが8割ほどいます。実際、安保関連法案の全体像はわかりにくく、また、第1章で述べたように、集団的自衛権と集団安全保障が混同されているというような、基本的な知識の不足も目につきました。

この章では平和安全法制の全体像を概説するとともに、今後さらに日本の安全を図っていくための課題についても解説していきます。

Q10 平和安全法制といっても、どんな法律が含まれているのかわかりません。

◉平和安全法制のラインナップ

平和安全法制は、政府が「平和安全法制整備法」と呼ぶ既存の法律10本の改正案と、新しく制定した「国際平和支援法」1本の計11本から成っており、次のようなラインナップです。

【整備法】（一部改正を束ねたもの）

●平和安全法制整備法：我が国及び国際社会の平和及び安全の確保に資するための自衛隊法等の一部を改正する法律

一　自衛隊法

二　国際平和協力法（国際連合平和維持活動等に対する協力に関する法律）

三　周辺事態安全確保法→重要影響事態安全確保法に変更（重要影響事態に際して我が国の平和及び安全を確保するための措置に関する法律）

四　船舶検査活動法（重要影響事態等に際して実施する船舶検査活動に関する法律）

五　事態対処法（武力攻撃事態等及び存立危機事態における我が国の平和及び独立並びに国及び国民の安全の確

保に関する法律）

六　米軍行動関連措置法→米軍等行動関連措置法に変更（武力攻撃事態等及び存立危機事態におけるアメリカ合衆国等の軍隊の行動に伴い我が国が実施する措置に関する法律）

七　特定公共施設利用法（武力攻撃事態などにおける特定公共施設等の利用に関する法律）

八　海上輸送規制法（武力攻撃事態及び存立危機事態における外国軍用品等の海上輸送の規制に関する法律）

九　捕虜取り扱い法（武力攻撃事態及び存立危機事態における捕虜等の取り扱いに関する法律）

十　国家安全保障会議設置法

【新規制定】（1本）

●国際平和支援法：国際平和共同対処事態に際して我が国が実施する諸外国の軍隊等に対する協力支援活動等に関する法律

Q 11

平和安全法制に出てくる「ナントカ事態」をわかりやすく説明して下さい。

◉「日本と国際社会」「平時と有事」という2つの軸

「ナントカ事態」とは、重要影響事態、国際平和共同対処事態、武力攻撃事態、存立危機事態のことですね。確かに、このままでは何のことかわかりませんね。

内閣官房、内閣府、外務省、防衛省が一緒に出した『平和安全法制』の概要」という文書の最初のページに、『平和安全法制』の主要事項の関係」というチャートが載っています。これを使って説明しましょう（88〜89ページ）。

図の上のほうは、日本や日本国民に関係する事柄、下のほうは国際社会に関係する事柄です。そして、図の左のほうが平時、つまり紛争などが起きていない状態です。右にいくに従って状況が変化し、より深刻で危険な、非常時または緊急時、つまり有事に近づいていきます。

いちばん左の縦列4つは、在外邦人輸送や保護、自衛隊や米軍などの武器等防護、米軍への物品役務提供、国際的な平和協力活動（国連ＰＫＯと国際連携平和安全活動）で、それぞれ「(新設)」とあるものが新しく付け加えられたものです。

平時とはいえない事態になると、「重要影響事態」における後方支援、船舶検査、「国際

（横軸）事態の状況・前提をイメージ

重要影響事態における後方支援活動等の実施（拡充）

【重要影響事態安全確保法】
（周辺事態安全確保法改正）

・改正の趣旨を明確化（目的規定改正）
・米軍以外の外国軍隊等支援の実施
・支援メニューの拡大

船舶検査活動（拡充）
【船舶検査活動法】

・国際社会の平和と安全のための活動を実施可能に

国際平和共同対処事態における協力支援活動等の実施（新設）
【国際平和支援法（新法）】

武力攻撃事態等への対処
【事態対処法制】

「存立危機事態」への対処（新設）

・「新三要件」の下で、「武力の行使」を可能に

「新三要件」

① 我が国に対する武力攻撃が発生したこと、又は我が国と密接な関係にある他国に対する武力攻撃が発生し、これにより我が国の存立が脅かされ、国民の生命、自由及び幸福追求の権利が根底から覆される明白な危険があること
② これを排除し、我が国の存立を全うし、国民を守るために他に適当な手段がないこと
③ 必要最小限度の実力行使にとどまるべきこと

審議事項の整理【国家安全保障会議設置法】

（注）離島の周辺地域等において外部から武力攻撃に至らない侵害が発生し、近傍に警察力が存在しない等の場合の治安出動や海上における警備行動の発令手続の迅速化は閣議決定により対応（法整備なし。）

「平和安全法制」の主要事項の関係

（縦軸）我が国、国民に関する事項

在外邦人等輸送（現行）【自衛隊法】
在外邦人等の保護措置（新設）

自衛隊の武器等防護（現行）【自衛隊法】
米軍等の部隊の武器等防護（新設）

平時における米軍に対する
物品役務の提供【自衛隊法】（拡充）
・駐留軍施設等の警護を行う場合等
提供可能な場面を拡充（米国）

国際的な平和協力活動
【国際平和協力法】

国連ＰＫＯ等（拡充）
・いわゆる安全確保などの業務拡充
・必要な場合の武器使用権限の拡充

国際連携平和安全活動の実施
（非国連統括型の国際的な平和協力
活動。新設）

国際社会に関する事項

国家安全保障会議の

「平和安全法制」の概要（内閣官房 内閣府 外務省 防衛省）
http://www.cas.go.jp/jp/gaiyou/jimu/pdf/gaiyou-heiwaanzenhousei.pdf

平和共同対処事態」における協力支援（新設）が始まります。

さらに事態が深刻化すると、「武力攻撃事態」と「存立危機事態」（新設）となります。武力攻撃事態はこれまでもあった概念で、日本が他国から攻撃されたとき、個別的自衛権によって武力行使するということです。存立危機事態は新しく追加された概念で、日本と密接な関係にある他国に対する武力攻撃が発生して日本の存立が脅かされ、国民の生命、自由および幸福追求の権利が根底から覆される明白な危険があるなど「新三要件」に当てはまるとき、集団的自衛権に基づき武力行使するということです。

大ざっぱに言えば、重要影響事態は日本に関係し、国際平和共同対処事態は国際社会に関係します。どちらも戦争は始まっていませんが、そのまま放置はできない（日本に関係する場合は日本が直接攻撃されかねない）事態です。武力攻撃事態と存立危機事態は、もう戦争が始まっている状態です。この段階で、日本はこれまで個別的自衛権だけを行使するというってきたが、これからは集団的自衛権も限定的・抑制的に行使する、というわけです。

Q 12 それぞれの「事態」について説明して下さい。

◉重要影響事態

「重要影響事態」とは、そのまま放置すれば日本に対する直接の武力攻撃に至るおそれのある事態など、日本の平和と安全に重要な影響を与える事態のことです。これはかつての「周辺事態」の定義から「我が国周辺の地域における」を削除したものです。

この「重要影響事態」となったら、米軍などに対する後方支援活動などを行なう、というのが「重要影響事態安全確保法」の目的です。支援対象の「米軍など」とは、米軍、そのほかの国連憲章の目的の達成に寄与する活動を行なう外国の軍隊、そのほかこれに類する組織の3つです。これには原則として事前に国会の承認が必要です。

また、後方支援については「現に戦争行為が行なわれている現場」では実施しない、としています。これは、「他国の武力行使との『一体化』の回避」のためと説明されています。

武力行使を禁じる憲法9条に違反しないためには、日本自身が武力行使をしないというだけでなく、日本自身は直接武力行使をしていない場合でも他国による武力行使と「一体化」しないことが必要であるとされているからです。

戦闘行為が行なわれているところで自衛隊が弾薬箱を持って米軍の補給のために駆け回

っていたら、仮に自衛隊自身は武器を使っているわけでなくても敵から見たら米軍を支えているように見えますし、戦闘行為を行なっている他国の軍の指揮下に自衛隊が入ったら、やはり一緒に動いていることになる。それは憲法違反に当たる、というわけです。そこで、「他国の武力行使との『一体化』」を回避するためには、実際にドンパチやっている戦場からは距離を取る、武力行使をしている他国の軍の指揮下に入ってその一員として行動することはしないなど、守るべき条件が決まっています。

◉国際平和共同対処事態

国際平和共同対処事態とは、(1) 国際社会の平和および安全を脅かす事態であって、(2) その脅威を除去するために国際社会が国際連合憲章の目的に従い共同して対処する活動を行ない、(3) 日本が国際社会の一員としてこれに主体的かつ積極的に寄与する必要があるもの、とされています。

この事態が発生したら、対処する諸外国の軍隊などに対する協力支援活動を実施し、国際社会の平和・安全の確保に資する、というのが国際平和支援法の目的です。重要影響事態と同じように諸外国の軍隊の武力行使と「一体化」しないようにする必要がありますから、国連平和維持部隊（ＰＫＦ）が武力行使を任務としている場合はそこに直接参加するのではなく、また、戦闘が行なわれている地域からは離れた場所で、支援や協力という形で貢献していくことになります。自衛隊を海外に派遣しますから、例外なく事前に国会の承認が必要です。

◉武力攻撃事態

「武力攻撃事態」とは、武力攻撃が発生した事態または武力攻撃が発生する明白な危険が切迫していると認められるに至った事態のことです。その一歩手前の「武力攻撃予測事態」は、武力攻撃事態には至っていないが、事態が緊迫し、武力攻撃が予測されるに至った事態のことです。以上の武力攻撃事態と武力攻撃予測事態をまとめて「武力攻撃事態等」といいます。武力攻撃事態等に際しては、自衛隊に防衛出動が命じられます。

◉存立危機事態

「存立危機事態」とは、日本と密接な関係にある他国に対する武力攻撃が発生し、これにより日本の存立が脅かされ、国民の生命、自由、および幸福追求の権利が根底から覆される明白な危険がある事態のこと、とされています。

以上の定義は、２０１４年7月１日の閣議決定で憲法上許容される自衛措置に必要とされた「新三要件」の（１）で、残りの（２）これを排除し、我が国の存立を全うし、国民を守るために他に適当な手段がないこと、（３）必要最小限度の実力行使にとどまるべきこと、の３つに当てはまったとき、存立危機事態に対処できるわけです。今後は、存立危機事態に際しても、自衛隊に防衛出動が命じられます。今回の法改正で「存立危機事態」が追加された自衛隊法第76条を紹介しておきます。

●自衛隊法第76条（防衛出動）

内閣総理大臣は、次に掲げる事態に際して、我が国を防衛するため必要があると認める場合には、自衛隊の全部又は一部の出動を命ずることができる。この場合においては、武力攻撃事態及び存立危機事態における我が国の平和と独立並びに国及び国民の安全の確保に関する法律（平成十五年法律第七十九号）第九条の定めるところにより、国会の承認を得なければならない。

一　我が国に対する外部からの武力攻撃が発生した事態又は我が国に対する外部からの武力攻撃が発生する明白な危険が切迫していると認められるに至った事態
二　我が国と密接な関係にある他国に対する武力攻撃が発生し、これにより我が国の存立が脅かされ、国民の生命、自由及び幸福追求の権利が根底から覆される明白な危険がある事態

さらに詳しくは、「防衛白書」をお読みいただくのがいいでしょう。リンクを２つ掲げておきます。

▼平和安全法制などの整備（『平成27年版防衛白書』、１３９〜１５２ページ）
http://www.clearing.mod.go.jp/hakusho_data/2015/pdf/27020103.pdf
▼図表Ⅱ－１－３－１「閣議決定」の概要（『平成27年版防衛白書』、１４０ページ）
http://www.clearing.mod.go.jp/hakusho_data/2015/html/n2131000.html#zuhyo0201301

◉政府の説明が不十分になった原因

このように整理して解説すれば少しはわかってもらえるのですが、多くの人は「ナント

力事態」を正確に理解しておらず、集団的自衛権についてもよくわからないままに、賛成・反対を叫んでいるのが実態でした。政府の説明を不十分と思う人が８割もいるのは、やはり説明の仕方にまずいところがあったからだと思います。

官僚も政治家もメディアも、そもそも「集団的自衛権」と国連安全保障措置など「集団安全保障」の区別がついていませんでした。第一次安倍政権当時は、個別的自衛権と集団的自衛権の区別すらできていないケースも散見されました。あまりよくわかっていない人が、全然わからない人を説得しようとして、うまく説明しきれなかったという面が、少なからずあります。

法律10本の改正案をひとまとめにしてしまったことも、話をわからなくし、反対の声を増やしてしまった原因の１つでしょう。

中国が尖閣諸島周辺で領海侵犯を繰り返し、南シナ海で浅い岩礁を埋め立てて海上拠点を盛んに建設している。中東やアフリカでＩＳ（いわゆる「イスラム国」）その他の武装勢力が跋扈《ばっこ》し、イラクやシリアは事実上の分裂状態にある。世界各地で国連ＰＫＯへの参加など国際貢献が求められている。こうした国際情勢の変化は、誰の目にも明らかです。

そういう激動する安全保障環境にあって、多くの日本人は尖閣諸島が日米安保の適用対象だというアメリカ首脳の言葉を聞いてホッとしたはずです。また、日本人の多くが自衛隊を海外に出してＰＫＯなどの国際貢献を一定程度するのは当然だと思っています。

そして、日本周辺で集団的自衛権を行使して米軍と一緒に行動する話には反対またはよくわからないが、自衛隊を海外に派遣してＰＫＯ活動を行ない、他国のＰＫＯ部隊が危ないときに助ける話には賛成、という人が少なからずいるはずです。それが圧倒的多数の国民の偽らざる心境だと思うのですが、すべてをひとくくりにしてしまった法案について賛成か反対かと問われても、はっきり答えられない状態が続いているのです。

こんな混乱した状況を打開するには、たとえば法案を（1）国連ＰＫＯ・国連安全保障措置関連、（2）領土領海警備関連、（3）集団的自衛権の行使関連の大きく3つに分けて丁寧に説明していくという方法などがあったはずだ、と思います。

（1）については、中国人民解放軍兵士と陸上自衛隊の隊員が一緒に銃をかまえる多国間訓練の写真を見せて、「ご覧の通り、中国と戦争するわけではありません。中国軍部隊が武装勢力にやられそうなとき、どうすればよいか訓練しているのです」と言えば、国際平和協力法や国際平和支援法に反対する人は少ないでしょう。場合によっては、野党の修正案を入れて顔を立てる「大人の対応」をすれば、国民の8割が「説明不足」と感じる事態は避けられたように思います。多国間訓練については、第3章でご紹介します（129ページ）。（3）では、政府が集団的自衛権の行使を容認したことを受けて、これまでも日本は84カ所の米軍基地を日本列島に置くことで、事実上、集団的自衛権を行使してきたのと同じだったという考え方を打ち出し、ここまでは現在のやり方と変わらない、ここから先は新しく付け加える点だ、という説明をすれば、「集団的自衛権を認めれば戦争に引きずり込まれる」というような反対論をかなり抑えることができたでしょう。

◉世界からの信頼が日本の平和と安全を高める

ＩＳのような危険な武装勢力が跳梁跋扈《ちょうりょうばっこ》するなか、アメリカなどが有志連合を結成したり、国連決議に基づいてＩＳへの武力行使に動くような場合、日本は集団安全保障の枠組みの中で自衛隊の派遣を求められる立場ですし、ＩＳなどが人質を取って各国が人質救出作戦に特殊部隊を投入するようなとき、人質が日本人でないとしても、日本は手をこまねいていることはできません。アメリカやオーストラリアが個別的自衛権の行使として特殊部隊を投入することもあるでしょうし、集団安全保障による日本の特殊部隊の投入もあるでしょう。

そのとき、日本は延々と議論を続けることを許される立場ではありません。迅速に行動することが必要だということは、多くの日本国民に理解されることではないでしょうか。

集団安全保障、つまり国際平和共同対処事態などに派遣する部隊の編成については、第1章のQ7（46ページ）でも述べたように、連隊戦闘団（RCT）で線引きをすることで、日本国憲法の枠内で許される範囲を明確にできるでしょう。PKOでの部隊編成と連隊戦闘団に関しては次章で改めて説明します。

人質救出などで話題にのぼる特殊部隊のほうも、2001年9月11日の同時多発テロの直後、北大西洋条約機構（NATO）の集団的自衛権の行使としてドイツが特殊部隊をアフガニスタンに派遣した事例をモデルに、各国の特殊部隊のオペレーションをサポートする支援任務に限定するなど、派遣の仕方を明確にしておく必要があります。

特殊部隊については、内閣危機管理監のもとで派遣するよう規制を求める声がありますが、警察官僚である内閣危機管理監には自衛隊の特殊部隊をオペレーションする知見はありませんし、警察の特殊部隊を派遣する感覚で自衛隊の特殊部隊を派遣することは、自衛官の危険にもつながります。高い能力を持つアメリカ連邦捜査局（FBI）の人質救出チーム（HRT）でさえ、軍の特殊部隊のオペレーションから一歩引いた立場にいることを忘れてはなりません。

平和安全法制の大きな意義の1つは、これまでのように個別の事態に対して特別措置法を作るのではなく、自衛隊派遣のための法律が恒久法化されたことです。恒久法制定は、いつでも迅速に自衛隊を出動させる体制を備えることによって、日本が世界の平和にとって「アテになる存在」であることを示す指標であり、そこから生まれる世界の信頼が日本の平和と安全を高めることを、日本国民は知る必要があります。

といっても、法案が成立したから終わりなのではありません。政府・与党は、これまで以上に国民に対して丁寧な説明を続けると同時に、法制度の完成度を上げる取り組みを進めていく必要があります。

Q13 マスコミで飛び交っていた「グレーゾーン事態」とは何ですか？

◉正規軍以外の侵害行為にどう対処するか

文字通り白黒がはっきりしない、つまり、純然たる有事とも平時とも言えないような緊急事態のことを「グレーゾーン事態」といいます。武力攻撃にまでは至らないけれども領土や主権や経済権益が侵害されていて、海上保安庁や警察では手に余るような事態を指します。

日本ではあいまいなまま使われがちですが、「武力攻撃」も「武力行使」も国際法上の概念です。ここでは詳しくは触れませんが、ニカラグア事件（アメリカとニカラグアの間の国際司法裁判所における係争）の判決で、武力攻撃（Armed Attack）と武力行使（Use of Force）を区別することになりました。この両者の間を「グレーゾーン」と呼びます。たとえば、尖閣諸島への武装集団の上陸や、領海内を潜航する潜水艦が退去要求に応じないなどのケースは「グレーゾーン事態」です。

正規の外国の軍隊が上陸してくれば、これは当然、個別的自衛権の問題ですから自衛隊が防衛出動で反撃できます。しかし、武装した漁民や漁民を装った特殊部隊が不法に上陸してきた場合は、軍隊による武力攻撃とはみなせないので防衛出動の発令はできません。

２０１４年7月1日の閣議決定では、それまでの法制下ではうまく対処できないか、対処法が決まっていないようなこれらのケースについて、法整備を進めることになりました。Q12（90ページ）で紹介した図表Ⅱ－１－３－１「閣議決定」の概要（『平成27年版防衛白書』、

140ページ）から、グレーゾーンに関する部分を抜き出してみましょう。

下の表のなかの2番目の項目「米軍等の部隊の武器等の防護」については法制化されました。しかし、武装集団による不法な離島上陸のような領域警備にかかわるグレーゾーン事態への対処については法制化が見送られ、代わりに、2015年5月14日の閣議決定が行なわれました。これまでの法律は変えずに、いざというとき迅速に海上警備行動や治安出動ができるように、運用改善で対応することにしたわけです。これも図表と、そのリンクを次ページに示しておきます。

◉海上保安庁や警察機関では武装集団に対処できない

次ページ図表の一番左の「国際法上の無害通航に該当し

1. 武力攻撃に至らない侵害への対処	法制整備
○警察や海上保安庁などの関係機関が、それぞれの任務と権限に応じて緊密に協力して対応するとの基本方針の下、対応能力を向上させ連携を強化するなど、各般の分野における必要な取組を一層強化する。近傍に警察力が存在しない場合や警察機関が直ちに対応できない場合における、治安出動や海上における警備行動の早期の下令や手続の迅速化の方策について検討する。	→治安出動・海上警備行動などの発令手続の迅速化
○自衛隊と連携してわが国の防衛に資する活動（共同訓練を含む。）に現に従事している米軍部隊の武器等であれば、米国の要請または同意があることを前提に、当該武器等を防護するための自衛隊法第95条によるものと同様のきわめて受動的かつ限定的な必要最小限の「武器の使用」を自衛隊が行うことができるよう、法整備をする。	→自衛隊法の改正（米軍等の部隊の武器等の防護）

ない航行を行う外国軍艦への対処」とは、日本の領海内を潜水艦が潜航し、退去命令に応じないようなケースです。対処法は、自衛隊に海上警備行動を発令して退去要求などの措置を行なうのが基本です。2番目の「武装集団による不法上陸への対処」は、軍隊ではない武装漁民などが不法に尖閣諸島に上陸してきたようなケースです。海上保安庁や警察機関では十分な対応ができない場合に、自衛隊に海上警備行動や治安出動を発令することにしています。一番右の「公海での民間船舶への侵害行為への対処」というのは、日本の民間船が海賊行為や抑

図表 II-1-3-13　治安出動・海上警備行動などの発令手続の迅速化

○以下の 3 類型について、「大規模テロ等の恐れがある場合の政府の対処について」（平成 13 年 11 月 2 日閣議決定）を参考にしつつ、治安出動・海上警備行動などの発令手続を迅速化するための閣議決定

国際法上の無害通航に該当しない航行を行う外国軍艦への対処

○海上警備行動を発令し、自衛隊の部隊により行うことが基本
○防衛省、外務省、海上保安庁は、緊密かつ迅速に情報共有、調整、協力
○海上警備行動発令のため閣議を開催する必要がある

武装集団による不法上陸への対処

○武装した集団・その蓋然性が極めて高い集団が、離島に不法に上陸するおそれが高い・上陸する場合に、
○海上警備行動・治安出動等の発令のため閣議を開催する必要がある

公海での民間船舶への侵害行為への対処

○わが国の民間船舶が侵害行為を現に受けており、
○（緊急の）海賊対処行動または海上警備行動の発令のため閣議を開催する必要がある

特に緊急な判断が必要、かつ速やかな臨時閣議の開催が困難な場合、
内閣総理大臣の主宰により、電話などにより閣議決定を可能とする
（連絡を取ることができなかった国務大臣には、事後速やかに連絡を行う）

http://www.clearing.mod.go.jp/hakusho_data/2015/html/n2134000.html#zuhyo02010313

留、略奪行為など、武力攻撃に該当しない暴力行為を外国船から行なわれたような場合です。こういうケースでは海上警備行動を発令して、自衛隊が対処することになります。いずれの場合も、自衛隊への発令には閣議開催が必要ですから、緊急の場合には電話閣議が可能になりました。

海上警備行動や治安出動が発令されないときはどうなるか。これまでと同様、警察権で対応することになります。これは重大な問題です。警察組織である海上保安庁と警察は、武装集団と戦って排除することなど能力的に不可能だからです。

第一に装備がありません。不法に上陸してくるような武装集団は、ＲＰＧ７対戦車ロケットという小型武器を必ず持っていると思っておかなければなりません。これは正確には携帯式対戦車擲弾発射器《てきだんはっしゃき》といって、もともとが旧ソ連製だったため、旧社会主義国や第三世界諸国で広く使われています。有効射程は３００メートル（対装甲車両）、５００メートル（対構造物）、最大射程９２０メートル。装甲板に対する貫徹力は弾薬の種類によって、２６０ミリから７００ミリに達します。接近してくるヘリコプターのテールローターを狙って墜落させることも可能です。今の海上保安庁や警察の装備ではこれに対抗できません。

第二に、人数がまったく足りていません。百歩譲って装備は予算をつけて訓練すればいいとしても、海上保安庁の特殊部隊（特殊警備隊ＳＳＴ＝Special Security Team）は１００人にも満たず、警察の特殊部隊（ＳＡＴ＝Special Assault Team）も全国でわずか３００人です。この人数では、いざというときに投入できるのは、１度にたかだか１００人程度でしょう。１０００人規模の部隊を投入できるように拡大するのはほぼ不可能です。

そして、最も重大な問題は、警察機関が法的に「警察比例の原則」で縛られていることです。警察機関は直接国民を守るのが任務ですから、国民の権利を侵害しないためには、法律で許されたことしかできません。犯罪者を力で押さえなければならないときにも、相手が素手なら自分も素手か警棒、相手が銃を

警察比例の原則

相手と同等か一段上の手段までしか使えない

持っていたら自分も拳銃または場合によって狙撃銃というように、相手と同等か、一段階上の手段までしか使ってはいけないことになっています。

しかし、他国に不法に上陸してくるような武装集団は、そんなことはおかまいなしに、持っている武器を集中して使うに決まっています。

これでは、現場に向かった日本の警察組織の部隊がたちまち皆殺しにされてしまうのは目に見えています。

先に挙げた2014年7月1日の閣議決定に至る与党協議の際、警察幹部は公明党に対して「日本国内で警察権の及ばない場所はないから、警察が対処する」と言っています。警察権については確かにその通りですが、自衛隊との権限や縄張りの争いで国家・国民・現場の警察官たちの命を危険にさらすのは、あまりにも不見識です。

Q 14 警察機関で対処できないグレーゾーン事態。自衛隊なら大丈夫でしょうか？

◉「警察比例の原則」で縛られている自衛隊

いいえ、自衛隊にもグレーゾーン事態への対処はできません。海上警備行動や治安出動が発令された場合にも、警察官職務執行法第七条が準用され、警察比例の原則が適用されるからです。警察官職務執行法第七条では、相手に危害を与えるような武器の使用は、正当防衛または緊急避難の要件に該当する場合、凶悪犯罪の犯人が職務執行に抵抗するなどの場合を除いては認められていません。

武装集団を制圧するのは、犯罪者を取り押さえるのとはわけが違います。見かけは漁民のような民間人を装っていても、実際には本格的な軍事訓練を受けた特殊部隊などで、対戦車ロケット程度の装備は備えていると考えておかなければなりません。持っている武器を集中的に使ってくるのは常識以前の問題です。

装備の性能で言えば、自衛隊は十分に武装勢力と対抗できるだけのものを持っています。陸上自衛隊の普通科（歩兵）部隊は89式小銃のほか、120ミリ重迫撃砲、81ミリ迫撃砲、110ミリ個人携帯対戦車弾パンツァーファウストⅢ、84ミリ無反動砲カールグスタフ、軽機関銃MINIMI、レミントンM24狙撃銃などを標準装備しています。これらは、武装勢力に上陸をためらわせるだけの抑止効果を持つレベルの装備です。

仮に上陸されたとしても、110ミリ個人携帯対戦車弾や84ミリ無反動砲は、上陸して簡易陣地を築いた敵に対しても有効です。また、120ミリ重迫撃砲や81ミリ迫撃砲は掩体《えんたい》（タコツボ）に隠れた武装勢力を制圧するのに必要な破壊力を持っています。

しかし、強力な武器があっても正当防衛や緊急避難でなければ撃てないわけですから、相手が先に撃ってこない限り対抗できません。不法に上陸してきた武装勢力が最初は小さい武器から使って徐々に大型の強いものに移行する、などということはあり得ないわけです。初めから目一杯全力で攻撃してくるのが当たり前です。いくら自衛官が優秀で、十分な装備を持っていても、大きな犠牲が出ることは避けられないでしょう。

これでは、どんなに迅速に治安出動や海上警備行動を発令できるようにしても無意味です。警察比例の原則で自衛隊の手足を縛ったままでは侵略を抑止することは不可能です。少なくとも防衛出動に準じた武器使用を認めるべきなのです。

ＰＫＯでも同じことが言えます。もし、日本だけが警察比例の原則に従う形でしか武器が使えないとわかっていたら、現地の武装勢力は日本のＰＫＯ部隊を狙って攻撃してくるに決まっています。日本のＰＫＯ部隊が押しまくられている間に、ＰＫＯにかかわっているスタッフや現地の民間人が犠牲になったらどうやって責任を取るのでしょうか。

Q
15 安保法制のニュースに出てきた「ROE」とは何でしょうか？

◉ルール違反や逸脱行為を防ぐための規則

まずは新聞記事からご紹介しましょう。2015年9月28日付毎日新聞夕刊の記事です。

防衛省は二十八日午前、集団的自衛権の行使容認を含む安全保障関連法の成立を受けて「安全保障法制整備検討委員会」を開き、部隊の具体的な武器使用方法などを定める部隊行動基準（ROE）の見直し作業に着手した。中谷元《げん》防衛相は「今後は法律の施行に向けて具体的な検討、準備を行っていく。十分な時間をかけ、慎重の上にも慎重を期することが必要だ」と指示した。

関連法は三十日に交付され、来年三月末までに施行される。防衛相は施行までに、ROEの見直しや訓練計画の策定などを行う。四月に再改定した日米防衛協力の指針（ガイドライン）も踏まえ、新たな日米の共同作戦計画の検討も進める。

中谷氏は検討に当たり、自衛隊の安全に配慮した周到な準備▽関係国との協議などを通じた情報収集・分析▽関係省庁などと綿密に調整した政令など規則の整備――の三点を指示。「自衛隊の活動には国民の理解と信頼が何よりも必要だ。真摯《しんし》に新たな任務に向き合い、適切な実施体制の整備に最善を尽くす」と述べた。【飼手勇介】

ＲＯＥとは「Rules of Engagement」の略で、記事にもあるように、自衛隊では「部隊行動基準」と呼んでいます。「交戦規則」などの訳語もあります。

部隊が行動するときにルール違反や逸脱行為が起きないようにするための規則、それがＲＯＥです。こういう基準や規則をきちんと決めておかないと、ＰＫＯの現場でも現地の人たちを敵に回すことにもつながりかねません。それは自衛官のリスクにも直結する話です。紛争のエスカレートを招いたり、自衛官の身に危険を生じさせたりしないために設定する、リスクを高めない仕掛けがＲＯＥでもあるのです。

防衛省防衛研究所の論文『ルール・オブ・エンゲージメント（ＲＯＥ）――その意義と役割』（橋本靖明・合田正利、『防衛研究所紀要第７巻　第２・３合併号』、２００５年）は次のように述べています。

現代社会における武力行使については、いずれの国家も、武力紛争法規に違反することなく、政治的目的を最大限に果たすことが求められている。こうした状況下において、政治と軍の活動とをリンクさせるために発展してきた規則が、交戦規定や部隊行動規則（略）

米国（陸軍）の『野戦法務ハンドブック』によれば、ＲＯＥは、「資格ある権限者によって発せられる指令（directives）であり、米軍部隊が、遭遇した国の部隊に対して戦闘行動を開始及び（又は）継続する状況と限界を規定するもの」とされる。

米国においては、ＲＯＥの目的とは、国家目標に、軍事力の使用を適合させることであり、部隊の行動を国家目標・国家方針に整合させる手段で、その時の国家方針下における対処行動のシーリングを示すことである。適切なＲＯＥが作成され示されている時、現場指揮官は、政治的判断から解放され、明示されたシーリングの下で、軍事的合理性に基づく判断措置に専念することができる。

米軍などの場合、ＲＯＥは（１）武器を使用してよいとき、（２）武器を使用してよい場所、（３）武器を使用してよい相手、（４）使用する武器、について定め、さらに（１）上官の指示なしでとってもよい行動、（２）上官の指示なしにはとってならない行動、などを定めるのが通常です。

これを見れば、平和安全法制による任務拡大で自衛官のリスクが高まると主張した人たちは、ＲＯＥについてまったく知識がないことをさらしてしまったことがわかります。

◉米軍についての理解に乏しい防衛省幹部

ところで、Ｑ13（１００ページ）とＱ14（１０６ページ）で取り上げたグレーゾーン事態について、警察比例の原則によって縛られる自衛隊が米軍と連携する難しさを自民党関係者や防衛省幹部が危惧《きぐ》しているという報道がありました。

安保関連法案が成立すれば「武器等防護」を定めた自衛隊法95条を改正し、グレーゾーン事態で米軍やオーストラリア軍を防護することが可能となる。しかし、ここで自衛隊が行えるのは必要最小限の武器使用に限られている。

米軍の部隊はグレーゾーン事態でも、全面的な武器使用（＝武力行使）が認められており、防衛省幹部は「難しいのは法案が成立してからだ。自衛隊の部隊行動基準（ＲＯＥ）を作成し、米軍との共同訓練を積み重ねて齟齬《そご》を来さないようにしなければならない」と話す。

［２０１５年５月12日付産経新聞「安保法案与党合意　自衛隊の役割大きく前進も残る制約」］

この記事からは、防衛省幹部が米軍はグレーゾーン事態でも全面的な武器使用（＝武力行使）が認められていると認識しているように読み取れます。もし事実だとすれば、その防衛省幹部は米軍についての知識に乏しいことになります。

確かに、米軍の行動は、世界の軍事組織の常識に従って「原則として規制がないなかで、例外的にやってはいけないことを列挙する」ネガティブ・リストで規定されています。いっぽう日本の自衛隊は、「原則として武力行使が禁止されているなかで、例外的にやってよいことを列挙した」ポジティブ・リストで縛られています。

◉米軍は無制限に武器を使用できるわけではない

しかし実は、米軍の部隊といえども、いつでも無制限に武器を使用できるわけではありません。同僚の西恭之氏によると、米軍の交戦規定は次のようになっています。

米軍は戦争犯罪を防ぐため、ジュネーヴ諸条約などの武力紛争法（戦争犯罪の基準、戦時国際法）を具体的な作戦のために米軍として解釈した作戦法規を定めており、個別の軍事行動の目的に応じて、作戦法規と矛盾しないように交戦規定（ROE、自衛隊用語では部隊行動基準）を定めています。そして、これらの交戦規定は、ポジティブ・リストを含む場合もあるのです。といっても日本とは違い、米軍の交戦規定は原則として作戦終了までは秘密なので、ポジティブ・リストを含んでいても敵に手の内をさらすことにはなりませんし、部隊の自己防衛のための武器使用は最優先されます。

１９５６年の時点で米陸軍には『陸戦法規に関する野戦教範』が定められていましたが、ベトナム戦争でソンミ村虐殺事件のような戦争犯罪が起こったため、米軍はその後いっそう作戦法規を重視するようになりました。国防総省・米軍は、（１）軍事的必要性、（２）軍事目標と非軍事物の区別、（３）軍事的利益と巻き添えとなる被害の比例性、（４）不必要な苦痛の回避、というこの教範の原則に基いて、近年の実戦経験に基づく膨大な作戦法規マニュアルを作成し、公開しています。

旅団級（2000〜8000人規模）以上の司令部には法務部があり、作戦法規に基づいて交戦規定を定めています。米海軍省法務部を描いた1995〜2005年のテレビドラマ『JAG』（邦題『犯罪捜査官ネイビーファイル』）には、交戦規定を取り上げた回もあるほどです。なお、先に挙げた1956年の『陸戦法規に関する野戦教範』に代わって、アメリカ国防総省は2015年6月12日、1204ページにおよぶ『戦時国際法マニュアル』を刊行しました。このマニュアルは、「軍事的必要性、人道、名誉という三つの相互に依存する原則が、戦時国際法の比例性や区別といった原則、条約、慣習法の基礎である」と述べています。

以上が西恭之氏の説明ですが、北朝鮮軍（朝鮮人民軍）がROEに忠実に行動したことも知っておきたいものです。

2001年12月22日、奄美大島沖で海上保安庁の巡視船の追跡を受けた北朝鮮の工作船は、最初にAKS74突撃銃や軽機関銃とおぼしき小火器による反撃から始め、そのあとRPG7対戦車ロケットを発射するという行動をとりました。

乗っていたのは情報機関の工作員あるいは特殊部隊と思われますが、そこでもやはり指揮統制を徹底するために無用な発砲などは行なわず、ROEと同じような部隊行動基準にのっとって作戦行動をとっていたのです。

船を自沈させたあと、指揮官の命令一下、円陣を組んで立ち泳ぎしていた15人ほどが一斉に自決してのけたのですから、世界の軍事専門家は「北朝鮮軍恐るべし」と、改めて評価を書き改めたことは言うまでもありません。

平和安全法制に関する報道や国会での議論が、米軍や北朝鮮軍も含むこのような現状を踏まえていたら、少しはリアリティを備えたものになったのではないかと思います。

Q 16

平和安全法制で自衛隊法が改正され、「在外邦人等の保護措置」が新設されました。これで在外邦人の安全が飛躍的に高まったように思えるのですが……。

◉自衛隊は人質を救出できない

これまで自衛隊に認められていたのは「在外邦人の輸送」で、正当防衛のような限定した武器使用（自己保存型）しかできませんでした。新たに邦人の保護措置が実施できるようになり、武装勢力を武器で排除する（任務遂行型）ことができるようになったわけで、改善されたのは確かです。

しかし、この自衛隊法改正をめぐる議論には大きな問題があります。考えてみればわかることですが、いくら法律と制度を整備して自衛隊を出せるようにしたとしても、自衛隊には「できることと、できないこと」があります。それが踏まえられないまま、議論やマスコミ報道が行なわれているのです。

たとえば、後藤健二さんや湯川遥菜さんがＩＳの人質になって殺害された事件がありましたが、このようなケースでは、救出に陸上自衛隊特殊作戦群などの特殊部隊を投入することは考えられないのです。

世界の特殊部隊にあって、単独で人質救出などの任務を遂行できるのは米軍だけです。この任務には、情報・通信など特殊作戦に必要な兵站《へいたん》能力が不可欠で、それを備えているのは米軍だけだからです。

それもあって、イギリス、オーストラリア、ドイツなどの特殊部隊は、これまでも米軍との組み合わせで行動しています。

ましてや、後藤さんや湯川さんのようなケースでは、そのアメリカの特殊部隊でも人質救出は難しかった。その点は押さえておきたいものです。

◉リビアから自国民を迅速に脱出させた中国と韓国

在外邦人が内戦状態になった外国から脱出するとき、その支援のために自衛隊が投入される体制は備えておくべきだと思います。うまくいった場合には、24時間から36時間ほどで、避難する在外邦人の警護・輸送などを行なうことができるかもしれません。

しかし、そうした場合にも押さえておくべき課題があります。

日本の議論には、在外邦人自らが脱出するという視点が出てこないのですが、在外邦人は自衛隊が到着するまで現地でじっと身を潜めているのでしょうか。むろん、動き回らないほうがよい場合もありますが、この点をきちんと整理しておかないと、いくら自衛隊を投入する態勢を作っても、役に立たない場合があるのです。

世界の常識と日本の落差が歴然と現れたのは、２０１１年2月、「アラブの春」に見舞われたリビアのケースです。

「アラブの春」とは、２０１０年から２０１２年にかけてアラブ諸国で発生した民主化を求める大規模な反政府運動の広がりを指しています。

このとき中国は、3月2日までのわずか10日間ほどで4万2600人の自国民を、韓国も1400人を脱出させせました。日本はといえば、外務省の退避勧告が出た2月25日の時点で滞在していた23人の脱出にさえ、政府が力を貸すことができないという状態に終始したのです。

中国、韓国ともに、民間の航空機、船舶をチャーターし、海軍はソマリア沖の海賊対処部隊の駆逐艦を、中国は中国本土から空軍の大型輸送機を飛ばし、官民が総力を挙げて自国民の安全を図ったわけですが、見逃してならない点があります。バス、トラック、乗用車を総動員しての陸上輸送です。

とにかく、安全地帯に脱出できればよいわけですから、そこまでの「足」を確保するのが外国における避難や脱出の基本です。軍が来るのを待っているなどということはないのです。軍の輸送機や駆逐艦で脱出した人たちもいますが、過半数の中国人はあらかじめ教えられた危機管理の基本通り、リーダーの指示に従って行動した。だから「10日間で4万2600人」なのです。

現実を知らず、机上の空論に終始する傾向が強い日本として、参考にしたい事例です。

第3章

日本の平和主義を実行する国際平和協力活動

◉日本が「戦争する国」になる？

集団安全保障と集団的自衛権を、マスコミだけでなく、外務省ＯＢや政府の現役官僚すら混同してきた実態については、すでにお話しした通りです。

外務省ＯＢや官僚の場合は、意図的な混同ではなく、単なる知識の欠落によるものですし、マスコミによる混同の多くも同じでしょう。

しかし、意図的に混同することによって、日本が「海外で戦争する国」になるとレッテルを貼るプロパガンダもあります。日本共産党のパンフレット『これでわかる戦争法案』（２０１５年）はその典型的な例です。このパンフレットは平和安全法制の「重大問題」として３つの項目を取り上げ、そのうちの１つとしてＰＫＯ法の改正に焦点を当てて「危険な『治安維持』に道　民間人を殺傷する恐れ」と、危機感をあおっています。

平和安全法制の制定に反対して国会前などでデモを繰り広げた学生団体ＳＥＡＬＤｓ（シールズ）のブックレット『No War, Just Peace』でも、国際平和支援法について、「いつでも自衛隊を戦争支援のために派遣することが可能になる」と書いています。

平和維持活動への参加が、あたかも「自衛隊が海外で戦争する」という、とんでもなく悪いことだと言わんばかりです。

政治的な印象操作にとらわれずに、国連ＰＫＯのような国際平和協力活動とはそもそもどのようなものなのか、まずはしっかり理解しておきたいものです。

国際安全保障環境の変化に伴って、国際平和協力活動のあり方は拡大したり変化したりしてきていますが、まず伝統的・基本的な事例を見ておくのが一番わかりやすいでしょう。平和維持活動は、実態をざっくりひと言で言えば、停戦の維持です。紛争当事者に対して、中立的な立場で、停戦状態を維持させるために、他国の軍隊が非強制的な手段で介入して行なう治安維持活動が基本です。平和回復が目的ですが、一足飛びに実現できるものではありません。停戦を維持している間に和平交渉が進んで状況がよくなることもあります。しかし、たとえそこまでいかなくても、少なくとも停戦を維持して、それ以上悪くさせない、というのは大事なことです。

国連の安全保障理事会、または総会の決議に基づく平和維持活動が国連平和維持活動です。国連以外にも、北大西洋条約機構（ＮＡＴＯ）など有志国によって指揮される平和維持活動もあります。やることは本質的にどちらも変わりません。活動にお墨付きを与えるのが国連か、有志国によるものか、の違いです。国連平和維持活動における紛争当事者に対する「中立」の原則は、2011年、「中立」から「公平」に変更されましたが、いずれにしても当事者のどちらかいっぽうに加担して戦争するという話ではありません。

具体例としては、最も古い国連平和維持活動である国連パレスチナ休戦監視機構（UNTSO）が挙げられるでしょう。紛争当事者の合意のもとで紛争地域の各地に監視ポストを置き、非武装の将校2人（別国籍）を配置して、日夜、偶発事件が起きていないか、停戦協定や休戦協定がきちんと履行されているかを監視し続けています。UNTSOは1948年6月に始まり、すでに約70年！　現在も継続中です。大変地道な活動です。

国際社会はこのような粘り強い努力を積み重ねて平和の維持に努めているのです。そこに日本が参加することを指して「日本が海外で戦争できる国になる」というのは不見識にもほどがあります。

Q 17 これまでの自衛隊の国連平和維持活動（PKO）参加の概要を教えてください。

◉日本のPKOへの参加は9回

自衛隊が派遣される国際連合の平和維持活動（PKO）は、1992年の国連カンボジア暫定統治機構（UNTAC）への参加に始まって、現在も継続中の国連南スーダン共和国ミッション（UNMISS）まで9回を数えます。これまでの概要は次の通りです。

1　国連カンボジア暫定統治機構（UNTAC）

1992年9月〜93年9月。非武装の停戦監視要員8人、陸上自衛隊のカンボジア派遣施設大隊600人。武装は拳銃、小銃。

2　国連モザンビーク活動（ONUMOZ）

1993年5月〜95年1月。司令部要員5人、輸送調整部隊48人。武装は拳銃、小銃。

3　国連兵力引き離し監視軍（UNDOF）

1996年2月〜2013年1月。司令部要員2人、ゴラン高原派遣輸送隊43人。武装は拳銃、小銃、機関銃。

4　国連東ティモール暫定行政機構（UNTAET）
国連東ティモール支援団（UNMISET）

2002年2月〜04年6月。司令部要員7〜10人、陸上自衛隊東ティモール派遣施設部隊405〜680人（一次隊・二次隊は680人、三次隊は522人）。武装は拳銃、小銃、機関銃、高機動車。

5　国連ネパール政治ミッション（UNMIN）

２００７年３月～１１年１月。非武装の監視要員として自衛官６人。

6　国連スーダンミッション（UNMIS）

２００８年10月～１１年９月。非武装の司令部連絡員として陸上自衛隊から２人。

7　国連ハイチ安定化ミッション（MINUSTAH）

２０１０年２月～１３年３月。司令部要員２人、施設部隊３１２人。武装は拳銃、小銃、機関銃、軽装甲機動車。

8　国連東ティモール統合ミッション（UNMIT）

２０１０年９月～１２年９月。軍事監視要員として中央即応集団から２人。

9　国連南スーダン共和国ミッション（UNMISS）

２０１１年11月～（現在も継続中）。司令部要員３人、施設部隊３２０人弱。武装は拳銃、小銃、機関銃、軽装甲機動車。

リンク先も挙げておきましょう。

●各活動及び取り組み（防衛省・自衛隊）
http://www.mod.go.jp/j/approach/kokusai_heiwa/list.html
●国連平和維持活動（ＰＫＯ：Peacekeeping Operations）（外務省）
http://www.mofa.go.jp/mofaj/gaiko/peace_b/genba/pko.html

政府が国際平和協力法に基づく「国際平和協力業務」と位置付ける活動には、以上の国連ＰＫＯのほか、イラクやアフガニスタンでの難民救援（援助物資の輸送）があります。国際緊急援助法に基づく自衛隊の「国際緊急援助活動」も頻繁に行なわれます。旧テロ対策特措法や補給支援特措法に基づく海上給油や物資輸送、イラク人道復興支援特措法に基づく復興支援、海賊対処法（この法律ができるまでは自衛隊法上の海上警備行動の拡大解釈）に基づくソマリア沖・アデン沖での海賊対処も、「戦争しに行く」のではない自衛隊の海外派遣です。

Q 18 ＰＫＯのさらなる拡大で、日本は今後「アメリカの戦争に引きずり込まれる」のでしょうか？

◉むしろ米軍と一緒に活動しないほうが多いＰＫＯ

確かに、共産党のパンフレット『これでわかる戦争法案』やＳＥＡＬＤｓのブックレット、そのほかの一部の報道記事を読むとそんな気がしてくるかもしれませんね。「ＰＫＯなどの現場で日本の自衛隊は常に米軍と一緒に行動している」という「思い込み」があるからこんなことを言うのではないでしょうか。しかし、これは国際平和協力活動の現状についての無知からくる誤った認識です。

現在の国際安全保障には、大きく分けて2つの流れがあります。1つは集団的自衛権が関係するもので、同盟国や密接な関係にある国同士が守り合う関係を維持することによって抑止効果を高めようという、国家主権がかかわるものです。もう1つが集団安全保障についてのもので、国際的な平和を乱そうとする動きを国連決議などによって封じ込め、場合によっては参加国による一定の強制力の行使によってやめさせようというものです。ＩＳのような非国家主体に対しては、特にこの集団安全保障による対処が重要です。ＩＳのような勢力については、これを共通の脅威として、中国もロシアもアメリカも日本も協力して封じ込めるべく努力しています。集団安全保障の現場、特にＰＫＯに関しては日本の自衛隊の活動は、むしろ米軍と一緒でないほうが多いと言ってよいでしょう。

Q19 日本はＰＫＯでどんな国と活動しているのでしょうか？

◉多国間共同訓練には23カ国が参加

私は以前から、国際平和協力活動の現場では同じ国連加盟国として中国人民解放軍や、場合によっては北朝鮮軍（朝鮮人民軍）とも協力する場合があると述べてきましたが、先日、それを絵に描いたような光景が現実に展開されましたので、簡単にご紹介しておきましょう。２０１５年6月20日から7月１日まで、モンゴルにある米海兵隊のファイブヒルズ演習場で実施された多国間共同訓練「カーンクエスト15」です。

計画段階の資料によれば、参加国は、アメリカ、モンゴル、オーストラリア、バングラデシュ、ベラルーシ、ブルネイ、カナダ、カンボジア、中国、チェコ、フランス、ドイツ、ハンガリー、インド、インドネシア、イタリア、韓国、マレーシア、ネパール、フィリピン、シンガポール、タジキスタン、タイ、トルコ、イギリス、ベトナム、日本の27カ国（実際の参加は23ヵ国）です。こうして並んだ国名を見ただけでも、中国と一緒に、南シナ海で中国と対立しているアメリカ、フィリピン、ベトナムなどが入っていることに気づくでしょう。ＰＫＯ参加は集団的自衛権の行使とはまったく別物なのです。

以下、どういう内容だったか陸上幕僚監部の資料を引用しておきます。

本訓練は、国連平和維持活動に関する各種能力の向上、参加国の相互理解の増進と信頼関係の強化を目的として実施され、共催国のモンゴル、アメリカのほか、アジア太平洋地域や欧州地域などから二十三カ国（約一〇〇〇名）が参加しました。

陸上自衛隊からは、従来参加していた教官要員に加え、初めて訓練部隊が参加して、国連平和維持活動において必要となる内容について訓練しました。訓練を通じ、国連平和維持活動に必要な知識・能力を向上するとともに、教官は英語で各国参加部隊を教育することで、英語による教授能力を向上できました。

特に、戦後一貫して平和主義を貫く日本が、戦後七十年の節目の年に、北東アジアの地において、世界の平和と安定への貢献を目的とした本訓練への関与を高めたことは、世界、とりわけ、アジア太平洋地域の平和と安定へ寄与する日本の姿を示すものであり、積極的平和主義の具現という観点においても、多大な成果を収めることができたものと認識しています。

カーンクエスト15に陸上自衛隊から参加したのは、教官要員8人（中央即応集団など）、訓練部隊25人（中央即応連隊）、陸上幕僚監部6人の総勢39人でした。

あとは「百聞は一見にしかず」ということで、象徴的な写真をご覧ください。

95式自動小銃（口径5.8ミリ）を構える中国人民解放軍（左）と、中東の武装勢力などが使うことの多い旧ソ連をルーツとするAK47突撃銃（カラシニコフ）をかまえる陸上自衛隊中央即応連隊の隊員（右）。今では、PKOの現場などでの市街戦などに多用される「左撃ち」を陸上自衛隊も習得していることがわかる写真です。

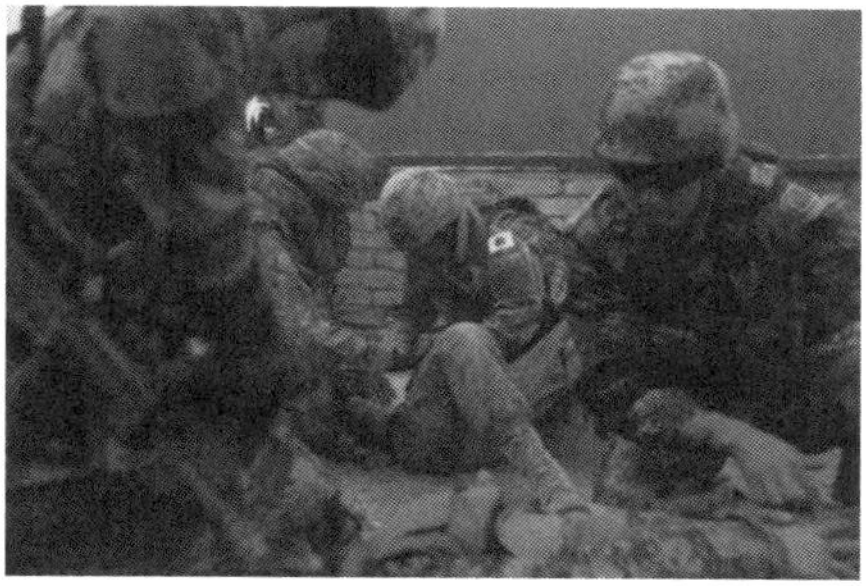

負傷した兵士を救護する中国人民解放軍（手前）と陸上自衛隊（中央奥）。負傷者役は、おそらく米海兵隊と思われます。

カラシニコフを手に武装勢力を警戒する陸上自衛隊。

なぜ写真で自衛隊員が使っているのが陸上自衛隊の制式装備である国産の89式小銃ではないか。その理由は、「ガラパゴス国家日本」を象徴するような話でもあります。モンゴルでの多国間共同訓練に参加するために国産の89式小銃などを持ち出そうとすると、日本の法律や制度に縛られて手続きに時間がかかって仕方がない。だから、丸腰で出国し、現地でモンゴル軍のカラシニコフを借りる形を取ったのです。その銃で射撃や戦闘をするわけではありませんから、法律的には問題ありません。

しかし、もっと大事なのはカラシニコフを使えるようになっておくということです。カラシニコフは国際平和協力活動の現場で最も手に入りやすい武器であり、火薬のカスや砂塵などがついても作動不良になりにくいので、派遣される自衛官の生命を守るためにも、その操作に習熟しておく必要があるのです。

◉国連ＰＫＯで存在感を増す中国

実は２０１４年以来、国連ＰＫＯの現場で中国が急速に存在感を増してきています。

もともと中国は内政不干渉の原則を強調していることもあって、ＰＫＯには工兵部隊しか出していませんでした。治安維持任務にはかかわらず、日本の陸上自衛隊と同じように橋や道路の建設・修理などを主にやっていました。

しかし、治安維持に歩兵を出してほしいという要望に応えて、2013年にアフリカのマリに歩兵部隊を初めて出したのです。

同僚の西恭之氏の調査によれば、中国は現在、世界で9番目に多くの隊員をPKOに派遣しています。軍部隊2882人、司令部や監視団の軍人36人、警察官161人です。そして2015年9月28日には習近平国家主席が国連総会演説で、8000人の国連待機部隊と、常設のPKO警察部隊の提供を約束しました。約束通りに増員されれば、中国は世界最大のPKO隊員提供国になる可能性があります。また、このPKO待機部隊は、現代の中国で初めての、海外派遣を主な任務とする地上部隊となります。それに加えて、アフリカ連合(AU)のPKO待機部隊発足を目的として今後5年間で合計1億ドルの無償軍事援助を提供することと、世界10地域における地雷除去活動に資金・訓練・装備を提供することも習近平主席は表明しています。

西氏によると、この増員は国連当局者に大いに歓迎されているのだそうです。多くのPKO隊員を提供しているのは中国のほかは、南アジアとアフリカの国々が多いのですが、中国軍・武装警察のPKO隊員はそれらの国々の隊員と比べて訓練・装備・規律面で優れているとされているからです。

中国はPKOへの参加によって国際的な信頼感を高めようと図りながら、着々とアフリカに勢力を浸透させつつあるようです。

Q 20

自衛隊という軍事組織を派遣すれば「暴力の連鎖《れんさ》」を招くとの批判があります。日本は派兵ではなく、もっと平和的な手段で協力するべきではないでしょうか？

◉どうすれば「暴力の連鎖」を断ち切れるのか？

2015年10月28日に放送されたNHKの『クローズアップ現代』で、当時の国谷裕子キャスターが語った解説の中に「軍隊の非人間性」という言葉がありました。私は黙っていられず、次のようにツイートしました。

10月28日のクローズアップ現代、「軍隊の非人間性」の言葉が耳についた。旧軍の負の部分を言うのなら、新兵へのシゴキに象徴される帝国陸軍などに存在した非人間的側面、くらいに表現すべきではないか。戦争を回避するため、終わらせるため、平和を維持するための軍隊の機能を無視している。

国谷キャスターは原稿を読む立場ですから、そのようにご本人が考えていたのかどうかはわかりませんが、少なくとも番組の方向を決めるディレクターの段階では、「軍隊は非人間的なもの」という考えがまかり通っているようです。

もとより、血で血を洗う戦争は非人間的なものです。そこに投入される戦闘集団としての軍隊にも非人間的な性格はつきまといます。それを否定するつもりはありません。

しかし、頭から「軍隊は非人間的」だと決めつけるのはどうかと思います。

抑止力を発揮して戦争を回避する、紛争を終結させるための機能を発揮する、紛争後の平和構築の中心的存在として平和を維持する——というのは、いずれも軍事組織でなければできない働きだからです。国連平和維持活動の創設者の1人であるブライアン・アークハート（「PKOの父」と呼ばれるイギリスの外交官、元国連事務次長）は平和維持活動について、「軍隊のやる仕事ではないが、軍隊しか成し得ない仕事」と語っています。

そういうこともあり、過去の湾岸戦争、アフガン戦争、イラク戦争の終結後の復興支援などのとき、国際平和協力活動に自衛隊を派遣することに反対する皆さんには、次のように問うてきました。「自衛隊という軍事組織を派遣すれば暴力の連鎖を招くと反対されますが、それでは、何をもって暴力の連鎖を断ち切ることができるというのですか？」

著名なニュースキャスターやコメンテーターの皆さんが、1人の例外もなく下を向いて黙り込んでしまったのが、今でも鮮明に記憶に残っています。

◉「ウインドブレーク（防風林）」としての軍事組織

2015年11月13日（日本時間14日）にパリで発生したISによると思われる同時テロや、シリア、イラクでのISの活動についても、暴力の連鎖を断ち切るための取り組みの一環として各国の軍事力が投入されています。

ここで日本国民が知っておくべきなのは、世界の平和構築の関係者が使う「ウインドブレーク（防風林）」という言葉です。

国連平和維持活動など国際平和協力活動に軍事組織が派遣されるのは、警察組織では規模的にも能力的にも対応できない紛争後の状況、あるいは武装勢力が跳梁跋扈《ちょうりょうばっこ》する地域において、どのような順序で平和を構築していくかという考えに基づいているのです。

武装勢力同士が対峙している地域に、いきなり井戸掘りや農業指導、医療や教育の関係者を派遣しても、その安全は保証できません。まずは一定の強制力と人的な規模を備えた軍事組織を、安全地帯を創り出すための風よけ、つまり「防風林」として投入し、安全な状態を確保するのは、平和構築という目的を達成するための手順でもあるのです。

対向車を信頼するだけでは命を守れない高速道路において、正面衝突防止の設備が不可欠ということから、「中央分離帯」という言い方もできるかもしれません。

新兵に対するシゴキに象徴される帝国陸軍など、特に古い時代の軍隊に存在した非人間的側面だけから軍事組織を眺めるのではなく、とりわけ平和構築になくてはならない「防風林」や「中央分離帯」として機能させるため、シビリアンコントロールを貫徹させることこそ、先進民主主義国としての日本に求められている議論ではないかと思います。

Q 21

平和安全法制によって自衛隊はこれまでよりもしっかりと平和構築への責任を果たせるようになるのでしょうか？

◉自衛隊は国際平和の実現にとって「アテにできる」存在になれるのか？

実は、平和安全法制によって任務の内容や活動範囲が拡大されたとはいっても、自衛隊のPKO派遣には強い制約が依然としてかかっています。その1つが、国会の事前承認です。自衛隊の部隊を停戦監視業務に派遣する場合には、事前に国会の同意を得なければなりません。

しかし、緊急に平和維持が必要な事態が起こった場合、対応が遅れれば、その間に多くの人命が失われるのはもちろん、秩序の崩壊が進んで、そのあとの平和維持のミッション自体の有効性が失われることにもなりかねません。派遣の遅れによって、さまざまな負の連鎖を引き起こす可能性が高いのです。適切なタイミングに必要なことを実行できなければ、危機管理もPKOも落第点です。

派遣のたびに特措法を作るのではなく、平和安全法制の制定によって恒久法化されたことは一歩前進ではあります。国会は7日以内に承認する努力義務規定が設けられましたが、今後の問題として、どれくらいスピーディーに国会の承認手続きを済ませることができるかが問われています。

国際平和の実現にとって、アテにできる存在であるのかどうか。その取り組みの姿が日本への国際的な信頼を高め、めぐりめぐって日本の安全を確かなものにするのです。

私は、2010年2月から4月にかけて、平和構築の調査研究のためにオーストラリアとアメリカ、国連の専門家から聞き取りを行なったとき、国連PKO局で聞かされた言葉を忘れることができません。

中途半端な形でPKOに自衛隊を派遣するくらいなら、足手まといになるだけだからやめてもらいたい。いっそのこと、1人も派遣しなくてもよいから資金面で貢献してほしい。そのほうが、はるかに役に立ちます。

第一線で活動する自衛隊に対する評価は非常に高いものがありましたが、日本のPKOへの取り組みについては、このように見られてきたのです。このときの調査の結果は報告書『平和構築と国益　豪日協力モデルによる挑戦』を参照してください（http://australia.or.jp/

repository/ajf/files/SRIIC_AJF101224j.pdf)。

◉「戦闘が起これば直ちに退避」は許されない

私の知人の伊勢崎賢治さん（東京外国語大学教授）は、国連職員などとして東ティモール、シエラレオネ、アフガニスタンなど世界各地で紛争処理、武装解除などに実務家としてかかわってきた、日本では数少ない経験の持ち主です。国会で連日、平和安全法制に関する議論が行なわれていた頃、伊勢崎さんから私にこんなメールが届きました。

連日の安保関連法案の論議、与党、反対派、両方が、〝激動する国際情勢〟の現実からかけ離れた神学論争をしているように思えます。軍事組織が、ある程度の規模とある程度の指揮命令系統のある武装組織と、たとえ自己防衛のためでも〝交戦〟したら、その時点で、戦時国際法、国際人道法上の「紛争の当事者」になるのです。これは、国連平和維持活動であってもです。現代の国連平和維持活動は、国連が中立性を喪失し「紛争の当事者」になっても、「住民保護」をするという決心を、既にしているのです。一九九四年のルワンダのジェノサイドからの教訓です。ですから、安倍首相の答弁の「戦闘が起これば直ちに退避」。これは、現代の国際社会では許されません。もしこれをやったら、非人道国家として、日本の外交的権威は失墜するでしょう。「退避するなら最初から来るな」なのです。

伊勢崎さんのメールに出てくる安倍晋三首相の答弁とは、以下のようなものです。

戦闘が起こったときには、直ちに部隊の責任者の判断で一時中止をする、あるいは退避をすると、明確に定めている。戦闘に巻き込まれることがなるべくないような地域をしっかりと選んでいくのは当然だ。安全が確保されている場所で後方支援を行なっていく。

［2015年5月20日、民主党（当時）の岡田代表との党首討論で後方支援に関する答弁］

安倍首相は本気でそのように思っているのだと思いますし、国際平和支援法や国際平和協力法でも、活動の実施場所やその近傍で戦闘行為が行なわれるに至った場合、活動の一時休止を規定しています。しかし、国際的には、伊勢崎さんの「『戦闘が起これば直ちに退避』。これは、現代の国際社会では許されません。もしこれをやったら、非人道国家として、日本の外交的権威は失墜するでしょう。『退避するなら最初から来るな』なのです」という指摘の通りなのです。

伊勢崎さんが指摘している国連平和維持活動（ＰＫＯ）の変化は、政府の文書にも以下のように記されています。

伝統的な国連平和維持活動（ＰＫＯ）は、当事者同意のもと中立な立場で介在し、武器使用は自衛に限定されているため、人道法は紛争「非」当事者であるＰＫＯ部隊には適用されないという見解で問題ありませんでした。しかし、最近ではＰＫＯ部隊が特定の紛争当事者に対し、強制力を行使しうる「強力なＰＫＯ活動（robust PKO）」が見られ、武力行使に伴う規範が必要となります。１９９９年にアナン事務総長が宣布した告示「国連部隊による国際人道法の遵守」では国連ＰＫＯは国際人道法の精神と原則を「遵守」すべきであるという見方を表し、２００８年に国連が発表した「国連平和維持活動――原則と指針」でも人道法の熟知の必要性と適用が強調されています。

［２０１３年９月20日　内閣府国際平和協力本部］

この原則は、ＰＫＯばかりでなく、平和の構築に一定の強制力を発揮する有志連合などにも適用されるものでもあります。

平和安全法制の一部として新設された国際平和支援法は有志連合などを視野に入れたものであり、後方支援もまた上記の原則に基づいて考えなければならないことは言うまでもありません。

平和安全法制は、可決成立・施行されたからこれで終わり、というものではありません。同盟国などとの足並みをそろえて行なう集団的自衛権の行使にかかわる諸問題にも増して、日本の真価が問われているのはＰＫＯなど国際平和協力活動のほうだということを忘れないで、平和安全法制の完成度をいっそう高めていってほしいと思います。

Q

22

自衛隊の海外派遣では、持って行く武器、その使用基準について議論が繰り返されてきました。自衛隊が持って行く武器の線引きはどうあるべきでしょうか？

◉ＲＣＴ（連隊戦闘団）を組むか組まないか

自衛隊が持って行く武器について、今までは残念ながら、誰も根拠のある考え方を示さずに、「まあこんなところでは」というあいまいな決め方をしてきました。

私は、第1章や第2章でも述べたように、ＲＣＴ（Regimental Combat Team、連隊戦闘団）を組むか組まないか、がカギになると考えています。

国連ＰＫＯは、国連が主導して各国軍隊の任意協力を求め、紛争地域で紛争当事者の間に立って停戦、軍の撤退の監視などを行ない、紛争解決の支援を図る活動です。国連憲章はこれについて何も規定していませんが、国連はそのような活動が必要と考えてスタートし、国連の慣行としてずっと続いています。

国連ＰＫＯは、安全保障理事会と事務総長の指揮統制に服する国連機関の活動で、その要員は、自衛のため武力を行使することができます。自衛権は国家と同様に国連にとっても固有の権利であって、国連平和維持部隊は国連機関自らの権利として自衛権を行使できる、と考えられています。

もちろん国連平和維持活動に参加する自衛隊は、戦争をしに行くわけではありません。だから、近代国家の正規軍相手の本格的な戦闘を行なう場合の単位であるRCTを組むか組まないかが基準になり得るのです。

陸上自衛隊に限らず、陸軍は歩兵部隊・砲兵部隊・戦車部隊など、専門職種（兵科）ごとに構成されています。『防衛ハンドブック』（朝雲新聞社）を見れば、陸上自衛隊の一個師団には、普通科（歩兵）連隊が3～4個のほか、特科（砲兵）連隊、戦車連隊、後方支援部隊など、いろいろな職種の部隊があることがわかります。

多くの人は、自衛隊が戦闘をするときは、『防衛ハンドブック』に載っているような部隊のままで動く、と思っているでしょう。しかし、これは誤解で、陸上自衛隊が近代国家の正規軍を相手にガチンコで戦う場合は、RCT（連隊戦闘団）に編成を組み直し、これを単位として動くのです。つまり、実際の戦闘は、まず歩兵部隊を出して機関銃で撃ち合い、劣勢になったら歩兵を下げて今度は戦車部隊を出す、というようなスタイルではありません。そうではなく、最初から歩兵・砲兵・戦車など諸職種の連合部隊を作って戦います。

これは近代国家の軍隊なら同じです。

◉「盾」の武器だけであれば現行憲法の枠内で可能

ＲＣＴを組むときは、陸上自衛隊の場合は、普通科連隊に戦車中隊、特科大隊、対戦車ミサイル隊、対戦車ヘリ飛行隊などをくっつけるわけです。普通科連隊が３つあれば、ＲＣＴも３つできます。

以上は実際の戦闘の場合です。しかし、国連ＰＫＯに派遣される陸上自衛隊は本格的な戦闘を目的としません。そこで派遣部隊は「ＲＣＴを組まない」ことを１つの原則とすることが可能になります。つまり、ＰＫＯ派遣部隊は治安任務に当たる場合でも普通科（歩兵）連隊だけ、ということです。普通科連隊の部隊装備火器をすべて海外に持って行っても、それだけではＲＣＴを組めませんから、本格的な戦闘はできません。したがって、しばしば「武力行使」の定義が議論になる現行法規の規定に反することはないという解釈が成り立ちます。あとは、普通科連隊の部隊装備火器の範囲内で必要と思われるものを取捨選択して持って行けばいいのです。

盾《たて》と矛《ほこ》とのたとえで言えば、普通科連隊が部隊装備火器（標準装備）として持っている武器は「盾」、これに対して戦車中隊、特科大隊、対戦車ミサイル隊、対戦車ヘリ飛行隊などの持つ武器（戦車、野戦砲、対戦車ミサイル、対戦車ヘリなど）は「矛」の性格を持っています。盾と矛を同時に海外に持って行けば、ＲＣＴを組んで、地上戦をすることができますが、そのためには憲法の改正が必要です。しかし、盾の性格の武器だけであれば、現行憲法の枠内で可能なのです。

Q 23 普通科連隊の部隊装備火器？ どんな武器を持って行くことになりますか？

◉遅滞行動が可能なレベルの装備が必要

普通科連隊の部隊装備火器は、小銃、ライフル、機関銃などの小型武器から始まって、84ミリ無反動砲（カールグスタフ）、１１０ミリ個人携帯対戦車弾（パンツァーファースト Ⅲ）、01式軽対戦車誘導弾、81ミリ迫撃砲、１２０ミリ重迫撃砲ＲＴ、91式携帯地対空誘導弾（携ＳＡＭ）などがあります。たとえば、81ミリ迫撃砲の射程距離は５６００メートル。１２０ミリ重迫撃砲ＲＴの射程距離は10キロあまり、01式軽対戦車誘導弾は射程１キロ以上、91式携帯地対空誘導弾は射程5キロです。ここまでは「盾」に当たる武器です。

盾か矛かという武器の性格は、武器の射程距離を見ればわかります。特科大隊の持つ203ミリ自走榴弾砲《りゅうだんほう》は射程30キロ、155ミリ自走榴弾砲も射程30〜40キロで、これらは「矛」にあたる武器です。この射程距離は、東京駅から川崎駅や横浜駅を狙って撃つことができるわけですから、国連PKO部隊には必要ありません。

5〜10キロ程度の射程を持つ迫撃砲は、たとえば、武装勢力が押し寄せてくるとき、自衛隊や各国のPKO部隊が、難民を守りながら「遅滞行動《ちたいこうどう》」をとるときにも必需品となります。つまり、相手の進撃を遅らせたり、その場に釘付けにしたりしながら、こちらが安全地帯まで下がるときに使うわけです。重迫撃砲まで盾に含まれるのか、と驚く人もいますが、いざというときに難民を守るためには遅滞行動ができなければならないからです。

自衛隊がイラクのサマワに行ったときは、84ミリ無反動砲、110ミリ個人携帯対戦車弾は持って行きましたが、迫撃砲は持って行きませんでした。当時から私は現在と同じ考えですから意見は述べましたが、誰が持って行く武器の最終決定をしたのかも、よくわかりません。ただし、持って行った武器が非常に貧弱だったことは間違いありません。

それもあって、自衛隊はオランダ軍やオーストラリア軍に守ってもらったわけですが、より安全を図るために、宗教指導者、部族長の力を借りたり、駐屯地を要塞化したりしました。たとえばコンテナの上に土嚢《どのう》を積み、車で突入されないように多数の障害物を配置したのです。しかし、現在の南スーダンでの活動がそうですが、ＰＫＯ部隊は難民キャンプのそばにいて、サマワのような駐屯地を建設できない場合も多いのです。ですから、サマワよりは威力のある武器を持って行く必要があります。

Q 24

平和安全法制の概要を見ると、国連平和維持活動や非国連統括型の国際連携平和安全活動に自衛隊が参加する際、「いわゆる任務遂行型の武器使用を認める」とあります。平和安全法制は「任務遂行型の武器使用」と「自己保存型の武器使用」を区別しているようです。これについて解説して下さい。

◉バカバカしい日本的な議論の典型

この章の冒頭でも説明したように、最初の国連ＰＫＯは、第一次中東戦争停戦後の国連休戦監視機構（ＵＮＴＳＯ）とされています。これが創設されたのは１９４８年５月で、現在もエルサレムに本部があって活動を続けています。ＰＫＯが始まった当初は、ＰＫＯ部隊の自衛はＰＫＯ要員（本人や同僚）を守るものと考えられていました。それがやがて、ＰＫＯ要員を武装解除させる試みの阻止、ＰＫＯ部隊の陣地や装備の防衛、同行する国連職員への攻撃に対する防衛などに拡大されました。

１９７３年にはワルトハイム国連事務総長（当時）が、安保理から国連ＰＫＯに与えられたマンデート（任務）遂行を妨げるような武力攻撃の試みを阻止することもＰＫＯ部隊の自衛に含まれるという見解を出しました。これ以後、ＰＫＯ部隊の自衛という概念には、ＰＫＯの任務を防衛することが含まれる、と考えられています。

ところで、日本政府は国際平和協力法（ＰＫＯ協力法とも。成立は１９９２年）の法案を作るとき、国連ＰＫＯの先例を検討して、武器の使用については「自己防衛のための武器の使用」（自己保存型）と「任務遂行のための武器の使用」（任務遂行型）の２つのタイプがある、と気づいたわけです。国内の議論ではそれぞれを「Ａタイプ」「Ｂタイプ」とも呼んでいます。日本独自の分類で、国連用語ではありません。

そして、日本政府は、憲法第９条が禁じている武力行使に当たる恐れがあるとして、国連ＰＫＯに派遣される自衛隊の武器使用としては、「自己保存型」しか認めてきませんでした。このあたりの事情を、国立国会図書館の月刊調査論文集『レファレンス』2008年9月号に載った総合調査室・矢部明宏氏の論文「国際平和活動における武器の使用について」は次のように解説しています。

（略）内閣法制局は、要員の生命又は身体が脅かされた場合に武器を使用することは「自己保存のための自然的権利」であるので、憲法の禁ずる武力の行使に当たらないが、PKOの任務が実力によって妨げられた場合に妨害を排除するために武器を使用することは憲法第九条に抵触する恐れがあるとの立場をとった。

このため、国際平和協力法案には、妨害排除のための武器使用を許す規定は入れられず、国連PKOの武器使用に関する原則と国際平和協力法の規定との間の整合性がとれなくなったとされる。

もっとも、国連PKOが実際に武器を使用した先例を調査した所、PKOの任務が実力で妨害された例の多くの場合において、要員の生命も同時に脅かされていたようなので、妨害排除のための武器使用に関する規定がなくても、実際上は特に支障がないものと判断されたとのことである。（※注　原文は改行なし）

憲法上、「自己保存型」はよくて、「任務遂行型」はダメだ。しかし、現実にはＰＫＯ任務への攻撃イコールＰＫＯ要員への攻撃らしい。だから、「自己保存型」対応として持って行った武器は「任務遂行型」にも使える。よって「任務遂行型」のことは黙っていればよいという、なんともバカバカしい、日本的な議論の典型です。こんな発想だから、持って行く武器について誰１人として根拠のある考え方を示すことなく、「だいたい、こんなところでは」というあいまいな決め方をするしかなかったわけです。

このような区別が平和安全法制にも引き継がれているのは残念です。今後、もっとしっかりとした根拠に基づく議論を重ね、改善していくべきでしょう。

Q 25 軍法会議がない自衛隊がＰＫＯに参加することに問題はないのでしょうか？

◉軍法会議がないフランス軍

よく、「軍法会議のない軍事組織は軍隊ではない」と言われます。しかし実は、平時のフランス軍には軍法会議がありませんし、ドイツも基本法（事実上の憲法）で軍刑事裁判所（軍法会議）の設置を認めているにもかかわらず、その根拠法を制定してきませんでした。

私の同僚の西恭之氏によると、フランス国会は20世紀末から軍事司法制度を一般の司法制度に近づけてきています。以下、西氏の論考に沿って解説しましょう。

かつては犯罪現場がフランス国内であれ国外であれ、訴追されたフランス軍人は軍法会議で士官によって裁かれていました。しかし、まず１９８２年に制定された法律によって、平時に国内で軍人が犯した罪は、抗命罪など軍人に特有の罪であっても、国軍パリ法廷で文官の裁判官に裁かれるようになりました。

次に、１９９７年の徴兵停止を受けて、99年にパリ軍事法廷（ＴＡＡＰ）が設置されました。裁判官は、軍人の裁判を専門とする文官が務め、国内だけでなく国外での事件も裁くようになりました。「平時」に国外で軍事行動中の軍人が犯した罪や、「平時」に国外でフランス軍人が被害者となった事件も管轄することになったのです。フランス憲法のもとでは、国会が宣戦を布告しない限り、アフガニスタンでの国際治安支援部隊（ＩＳＡＦ）に派遣されているフランス軍の戦闘を含め、どんな状況でも「平時」となります。

ところが、このパリ軍事法廷は軍の組織防衛に偏りがちだとして国民の信頼を得られませんでした。起訴には国防相の承認が必要であり、フランス軍人である被告人は被害者からの出頭要請に応じる義務がないなどの規定があったからです。

そこで、フランス国会は軍事司法制度を一般の司法制度にさらに近づけるため、2012年1月1日をもって、軍人を裁く権限をパリ大審裁判所の専門部門に移管し、パリ軍事法廷を廃止しました。大審裁判所は、有罪の場合の刑が中程度の刑事事件と、訴額が中程度の民事事件の第一審を管轄する裁判所で、フランス全国に173カ所設置されています。

つまり、平時のフランス軍が国防相の承認のもとで軍紀違反者に行なうことができる制裁は、戒告、停職、昇任停止、免職といった懲戒処分に限られます。抗命罪を含めて軍人が犯した罪の処罰は、一般司法で裁かれるわけです。ただし、フランス軍人が被告人の場合、被害者からの出頭要請に応じる義務は現行制度でも免除されています。これは、海外派兵中の軍人の状況に考慮すべきだという国防省の主張をいれた結果です。

平時でなくなった場合、つまり国会が宣戦布告した場合は二審制の軍法会議が設置され、パリ大審裁判所など文官で構成される裁判所は軍人の管轄権を失うことになっています。

このように、現在、平時のフランスでは、軍法会議は軍人への管轄権を持っていません。

実際、2015年6月18日、ジャン＝イヴ・ル・ドリアン国防相は、中央アフリカの治安回復のために派遣されながら避難民の子供に性行為を強要した疑いのあるフランス軍兵士14人について、「フランスにはもはや軍事司法は存在しない」「嫌疑が十分であれば、一般市民と同じように裁判を受けることになる」と述べています。

ドイツの場合も、国外への派兵を続けてきたこの20年間、軍法会議の根拠法を設定してこなかったのですから、当然、軍法会議を設置したことはありません。

このフランスとドイツの実例は、しばしば日本で口にされる「軍法会議のない軍事組織は軍隊ではない」とする議論に一石を投じるものです。

平和国家を標榜し、憲法前文で世界平和実現への決意を述べている日本ですが、世界の模範となるように行動できるためには、いま少しの勉強が必要なようです。

第4章

自衛官が「戦死する」というデマ

◉自衛官の家族を不安に陥れる報道

平和安全法制が施行されたら自衛官が危険にさらされる！——こんな報道が大々的に行なわれ、自衛官の家族、特にお母さんや奥さんたちを不安に陥れるという困った事態が、現実に起こっています。本当でしょうか。

実を言えば、たいていの場合はマスコミ側の先入観や知識不足による誤報や虚報のたぐいにすぎないのです。問題は、そうした誤報や虚報が平和安全法制反対のためにイデオロギー的に使われており、政府・与党の説明能力の不足もあって、日本の進路に少なからぬ影響を及ぼしている点です。

この章では、日本国内に広まっているデマに近いマスコミ報道を整理することで、真正面から「自衛官のリスク」なるものについて誤解を解いていきたいと思います。

Q 26 デマに近い報道には、どんなものがありましたか？

◉無知をさらけ出した朝日新聞

平和安全法制の国会審議がクライマックスにさしかかっていた2015年7月、朝日新聞に次のような記事が大きく掲載されました。

イラク派遣、危険な実態　宿営地に砲弾10回超

航空自衛隊のイラク派遣の活動を記録した内部文書が16日明らかになり、陸上自衛隊の内部文書とあわせて総括の全容が判明した。自衛隊の活動を「軍事作戦」ととらえ、現地で自衛隊の車両を囲んだ群衆の中に銃を持った人物がいた事実などが記されている。政府が「非戦闘地域」と説明した自衛隊の活動地域で、自衛官らが危険な状況に置かれていた実態が明らかになった。▼3面＝虚構の『非戦闘地域』

内部文書は、陸自が2008年、空自が12年度にまとめた。イラク復興支援特別措置法では、派遣期間を通じて戦闘が起きる可能性のない「非戦闘地域」に限って自衛隊が活動すると定めた。陸自はサマワを「非戦闘地域」とした。

ただ、陸自の文書では、宿営地には迫撃砲やロケット弾による攻撃が10回以上発生。宿営地外でも05年12月4日に、サマワ近郊のルメイサで「群衆による抗議行動、投石などを受け、車両のバックミラーが破壊された」。この時、「隊員は、投石する群衆の他に銃を所持している者を発見」したという。第1次復興支援群長を務めた番匠《ばんしょう》幸一郎氏（現・西部方面総監）は、イラク派遣を「本当の軍事作戦であり、軍事組織としての真価を問われた任務だった」と総括した。

一方、空自の文書でも、「非戦闘地域」で輸送任務に当たった空自の航空機が「脅威下の運航であるにもかかわらず、同じ曜日、同じ時間、同じ飛行場へ定期運航を行っていた」と地上から狙われ、撃墜されるリスクを想定。「運航を不定期化し、攻撃される可能性の局限（限定）を図るべきだ」としている。（上地一姫、三輪さち子）

［2015年7月17日付朝日新聞朝刊］

この記事を読むと、軍事問題にうとく、武器など見たこともない大方の日本国民は、「平和安全法制の制定によって自衛隊は危険な場所に送り込まれる」「政府・与党はその現実を隠蔽している」と思ってしまうのは間違いないところでしょう。

むろん、自衛隊は観光ツアーに出かけるのではありません。多少なりとも危険があり、医療チームや農業指導のチームなどを無防備な状態で派遣したら、襲撃され、略奪の対象となり、犠牲者が出るのは間違いないと思われる地域ですから、それに耐えられる軍事組織としての自衛隊の派遣なのです。世界の平和構築の世界で、そういう形の軍事組織の活動を「防風林（ウインドブレーク）」と呼んでいるのは、第3章で説明した通りです（136ページ）。

まさに防風林のような形で自衛隊が派遣され、武装勢力を引き離したりして安全な状態を創り出すなかで初めて、復興支援など平和構築の営みが可能となるのです。

朝日新聞の記事ばかりでなく、平和安全法制に反対する人々は、世界各国が行なっている平和構築の営みについても、まったく無知をさらけ出していると言わざるを得ません。その一方で、ことあるごとに「日本は平和国家だ」とか「日本の平和主義」と口にするのですから、これを嘘つきといわずしてなんと表現するのでしょうか。

◉サマワを「戦闘地域」だというウソ

自衛隊の内部文書のうち朝日新聞が問題としている個所について、派遣期間と攻撃の回数、戦闘地域における武器使用の常識から整理しておきたいと思います。そうすれば、イラクのサマワが「戦闘地域」だったなどと言えなくなるでしょう。

陸上自衛隊は、2004年1月9日〜2006年9月9日の2年8カ月の間に合計6000人あまりを派遣しました。内訳は、イラク復興業務支援群約5500人、イラク復興業務支援隊約500人、撤収のための後送業務隊などです。

航空自衛隊のほうは、2003年12月19日〜2009年2月14日の5年2カ月間に約1600人あまりを派遣しました。内訳は、イラク復興支援派遣輸送航空隊、イラク復興支援派遣撤収業務隊などです。

そこで、朝日新聞が鬼の首でも取ったかのように書いている「宿営地には迫撃砲やロケット弾による攻撃が10回以上発生」ですが、これは陸上自衛隊が派遣されていた2年8カ月間で割れば、3カ月に1回ということになります。別の資料によると、砲撃があったのは13回、着弾数は22発ということですが、こちらで計算しても2カ月半に1回でしかありません。

ここで「3カ月に1回」などと書くのは、戦闘時における迫撃砲の操作マニュアルに照らしてみると、戦闘地域における砲撃とはほど遠いものだからです。

武装勢力やテロ組織が多用する迫撃砲は、旧ソ連をルーツとする82ミリ迫撃砲（最大射程3000メートル）ですが、旧ソ連軍のマニュアルによれば戦闘時、1門あたりの1分間の最大発射速度は15〜25発となっています。

ちなみに、陸上自衛隊の同レベルの火器は81ミリ迫撃砲（最大射程5600メートル）ですが、発射速度は似通ったものです。

着弾地点では、迫撃砲弾で耕されているような状態になるのは、想像するまでもないことです。それが何門も同時に発射されるのが戦闘地域なのです。小規模な武装勢力が4門の迫撃砲で一斉射撃すると、1分間に60発から100発も落ちてきます。それくらい発射しなければ、敵を制圧できないのが戦闘地域ですし、さらに大口径の火砲が同じように砲撃してくるのです。

ロケット弾と表記されているのはRPG7対戦車ロケット擲弾《てきだん》ですが、これも目標を正面から撃ち抜くような発射の仕方が戦闘地域におけるものです。サマワでは陸上自衛隊の宿営地に上から落ちるような格好で打ち込まれましたが、これは明らかに別の意図による発射と考えられています。

◉自衛隊への「砲撃」が意味したのは……

別な意図とは何でしょう。当時、私もイラク復興支援に当事者としてかかわっていましたので、今でもはっきりと覚えていることがあります。それは、「仕事の要求」です。陸上自衛隊は1日あたり700人のイラク人を雇用して復興支援業務にあたっていましたが、なかには仕事にあぶれる部族やグループも出てきます。その点を注意して、まんべんなく仕事が行き渡るようにしておかないと、迫撃砲弾やロケット弾で「催促」されることになるのです。

車両のバックミラーが壊された一件も、ムサンナ県知事の去就に関して住民の不満が噴出した騒ぎのなかでの出来事です。これが反日デモであれば、バックミラーの破損くらいですむはずがないではありませんか。

それに、「一家に1挺カラシニコフ」というのが現地の常識です。「銃を持った人物を見た」という報告をもって、「自衛官らが危険な状況に置かれていた実態が明らかになった」というのは誇張を通り越しており、朝日新聞の見識を疑わざるを得ません。

第1次イラク復興支援業務群を率いた番匠幸一郎さんの総括として紹介されている「本

当の軍事作戦であり、軍事組織としての真価を問われた任務だった」という言葉も、復興支援など世界の平和構築の現場で行なわれる「対反乱戦」について述べたものなのです。朝日新聞だけではありませんが、マスコミの取材不足、知識不足がここでも明らかになっているのは覆うべくもありません。

こんな報道になってしまうのは、「非戦闘地域」という紛らわしくて、誤解を招くような表現を考え出した官僚機構にも責任があり、平和安全法制の完成度を上げる過程では教訓としてほしいところですが、いずれにせよサマワが戦闘地域とはほど遠い状態にあったことは理解できると思います。

日本新聞協会の新聞倫理綱領には「新聞は歴史の記録者」とうたわれています。新聞の記事が研究者の論文に引用され、国会質問でも使われることをみれば、歴史に対する新聞の責任の重さというものがわかろうというものです。この朝日新聞の記事が放置されるようなら、歴史は朝日新聞を許さないでしょう。

Q
27
自衛隊が米軍の弾よけにされるということはありませんか？

◉まったく根拠のない印象論

米軍が敵を排除した地域をパトロールする部隊には、専門的で高度な軍事知識や能力は必要ないので、日本が「米兵の弾よけ」として「イスラム国」掃討に自衛隊を派遣することになる。

（作家・文芸評論家の笠井潔氏と政治学者の白井聡氏による、共著『日本劣化論』に関する対談）

［2014年9月29日付「東洋経済オンライン」］

このような議論は、しばしば平和安全法制反対論の中で口にされるものです。本当でしょうか。対反乱戦に詳しい同僚の西恭之氏の言葉を借りれば、2人の意見はまったく根拠のない印象論にすぎません。

西氏によれば、アメリカがイラクとアフガニスタンで学んだ教訓は、対反乱戦、つまりゲリラなど反乱勢力を住民から切り離し、立ち枯れさせるための戦いには、専門的で高度な知識や能力を必要とする、というものです。

対反乱戦に必要な知識と能力を、21世紀の米軍のために初めて整理したのは、オーストラリア陸軍のデビッド・キルカレン中佐（文化人類学博士）の論文『中隊レベルの対反乱戦の基本28カ条』です。下記の28カ条は、米陸軍と海兵隊の野戦教範『対反乱戦』2006年版に収録されました。

そもそもアメリカが陸上自衛隊に期待しているのは、戦略的根拠地・日本列島の防衛です。「イスラム国」掃討作戦に陸上自衛隊を投入しようにも、中隊レベルで目的に合うよう訓練されていないのですから、役に立つわけがありません。そればかりか、陸上自衛隊を対反乱戦に投入することは作戦の失敗を招きかねず、アメリカにとってメリットがありません。

◉対反乱戦に必要な知識と能力

以下、論文『中隊レベルの対反乱戦の基本28カ条』の項目を紹介しておきますが、笠井潔氏と白井聡氏は、陸上自衛隊はこのような任務に向けて訓練されているというのでしょうか。

【現地に展開する前に行なう事項9カ条】

1　現地の住民・地理・経済・歴史・文化を知ること。

2　反乱勢力がなぜ、どのような方法で支持を得ているのかを知ること。

3　情報の収集と分析の能力を高めるために、中隊と小隊を再編成すること。

4　ほかの省庁および現地国政府と共同で活動できるように訓練すること。

5　装備品を減らして機動力を高め、補給・輸送部隊の防護・通信・戦闘能力を高めること。

6　隊員のうち適切な人材を、中隊長の政治・文化アドバイザーに登用すること。

7　分隊長を訓練した上で、現場の指揮を任せること。

8　対反乱戦の素質がある隊員を見つけて、階級を問わず登用すること。

9　第2条に対応する単純な作戦計画を立てて、全隊員に教えること。

【現地に展開直後から行なう事項11カ条】

10　住民の間近に宿営し、徒歩でプレゼンスを確立すること。

11　住民に対する暴力事件は、反乱勢力の攻撃と決めつけずに、信頼できる住民などに話を聞いてから対処すること。
12 後任部隊への引き継ぎに備えて記録をとること。
13 信頼できる住民のネットワークを構築すること。
14 安定化しやすい地域をまず安定させて、外側の地域へ住民の支持を広げていくこと。
15 有力者の支持の獲得など、戦闘以外の成果を挙げて、住民に宣伝すること。
16 パトロールは敵を挑発するのではなく、敵の攻撃を抑止する形で行なうこと。
17 挫折しても士気を落とさず、作戦計画の上で一歩後退して回復を図ること。
18 メディアを通じて世界中の人々が監視していることを忘れないこと。
19 現地の女性の支持を獲得すること。子どもとの接触は、部隊と子どもの安全のため、控えること。
20 作戦計画の進捗の指標を決めて、定点観測すること。

【現地での活動に慣れた段階で行なう事項6カ条】

21 政府側が勝利することは不可避かつ正当であるという、単純な物語を住民に示すこと。

22　現地の実力組織を訓練する場合、編成・装備などは米軍式にせず、敵に似せること。

23　人道復興支援活動の安全を確保し、住民とリーダーの協力を得ること。

24　中隊が自ら行なう人道復興支援活動は、小規模にとどめること。

25　敵兵との戦闘を追い求めるのではなく、敵の政治的な目的を阻止すること。

26　作戦計画を敵が妨害しない限り、敵を殺害・捕獲しようとしないこと。

【派遣期間の末期に行なう事項】

27　中隊の交代計画の秘密を守ること。

【常に行なう事項】

28　敵の行動に引きずられるのではなく、主導権を維持すること。

以上が対反乱戦に必要な知識と能力です。その前提で眺めたとき、陸上自衛隊は、施設科（工兵）部隊を中心に国連平和維持活動（ＰＫＯ）など国際平和協力活動で経験を積んできたとはいえ、対反乱戦など治安任務に普通科（歩兵）部隊を派遣する準備は、まだ着手段階ともいえない状態です。

西氏の指摘を見れば、「米軍が敵を排除した地域をパトロールする部隊には、専門的で高度な軍事知識や能力は必要ない」ので自衛隊を派遣できる、その自衛隊は米軍の「弾よけに使われる」などという笠井氏と白井氏の議論は、軍事知識のかけらもない、日本の多くの知識人の悲しいまでの現実を物語っているのです。

Q 28 自衛隊から「戦死者」は出るのでしょうか？

◉平和安全法制の廃案を狙ったプロパガンダ

集団的自衛権の行使容認が閣議決定され、平和安全法制が成立する過程で、気にならなかったのが反対派による「自衛官のリスクが高まる」「自衛官が戦死する」というプロパガンダです。

２０１５年11月20日号の『週刊朝日』の表紙に、「自衛官の『戦死』補償・祭祀どうな

る　これで遺族は納得できるのか」という見出しがおどりました。ギョッとされた方も少なくないと思います。

目次もまた刺激的で、「安保法制の議論で避けられた最大のタブー　南スーダン『駆けつけ』警護で現実に⁉　自衛官の『戦死』補償・祭祀どうなる　これで遺族は納得できるのか」とあります。

その狙いはただ1つ、肉親や親類縁者が犠牲になることを心配する世論を高め、平和安全法制を阻止しよう、成立後も廃案に追い込もうということにあります。

その効果は、それなりに現れていないわけではありません。

先日も、幹部自衛官のお母さんから「息子は大丈夫なのでしょうか」と真顔で尋ねられましたし、自衛官を志願する若者が減る傾向も出始めています。

この問題については、地方のテレビの影響は少なくないと思います。先日も山形県で隊友会（自衛官と防衛省職員のOB組織）に関係するご婦人方の半分ほどが平和安全法制に反対、あるいは懸念を示したと聞きました。

この地域のテレビはNHK総合、NHK・Eテレ1、山形放送（日本テレビ系列）、山形テレビ（テレビ朝日系列）、TUY（TBS系列）、さくらんぼテレビ（フジテレビ系列）と東京などとあまり変わらず、テレビ東京系列がないだけというチャンネル数ですが、『サンデーモーニング』や『報道ステーション』のように平和安全法制反対のトーンが強い番組が広く見られており、同じ傾向はほかに情報収集や娯楽の選択肢が少ない地方の自民党や自衛隊支持者にも現れています。

志願者が少なくなるのは、世の中の景気との関係で見なければならないわけで、景気がよければ減るし、不況なら増えるということですから、景気が減速している中で減るということになれば、やはりプロパガンダの影響が現れていると見なければならないでしょう。

◉相対的にはリスクは低減する

そこで自衛官のリスクの問題ですが、「平和安全法制によって国連平和維持活動（ＰＫＯ）など国際平和協力活動の任務が拡大され、自衛官のリスクが高まる」という議論に対しては、次のように反論し、自衛官の肉親や縁者にも安心してもらうように心がけてきました。

いわゆる「駆け付け警護」など任務拡大によってリスクが高まるというのは、その点だけを取り出せば事実です。しかし、リスクが高まるかどうかは従来と比べるなど相対的に判断しなければなりません。たとえば、２００４年当時のイラク復興支援では、陸上自衛隊は自らを守るにも十分でない編成と装備で派遣され、自衛隊の安全はオランダ軍とイギリス軍、オーストラリア軍に委ねる格好になりました。

しかし、平和安全法制の成立によって編成・装備も一定程度は柔軟に取捨選択できるようになり、それを支える法制度も整備されていますから、任務の拡大によるリスクと向き合っても大丈夫と言えるほどになっており、相対的にはリスクは低減しているのです。

国際平和協力活動に派遣される数百人規模の部隊から1人の殉職者も出さないようにすることは、政府が総力を挙げて取り組んでいる限り、日本列島の防衛といった本格的な戦闘に比べると難しいことではないので

自衛官は安全になる

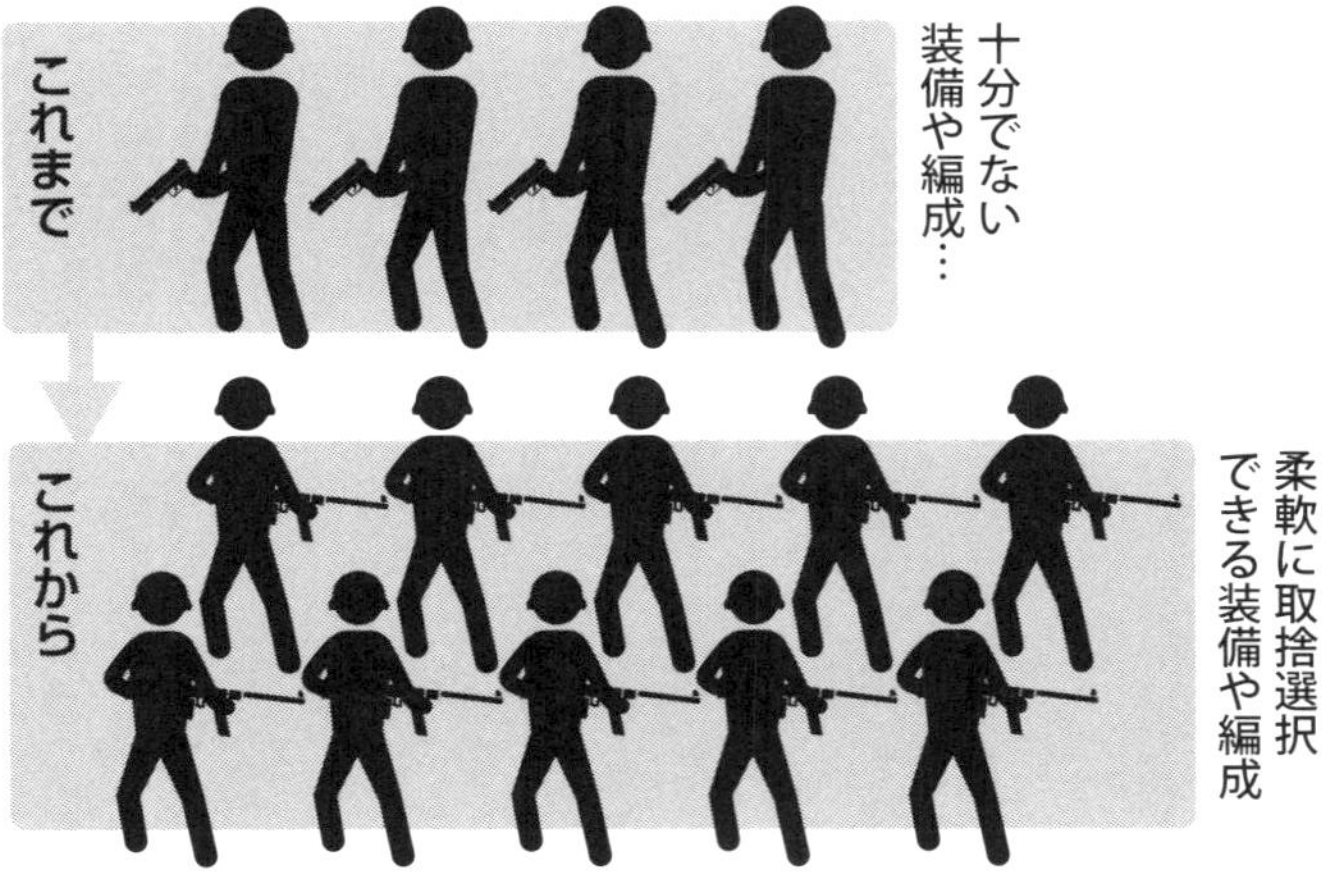

これまで
十分でない装備や編成…
これから
柔軟に取捨選択できる装備や編成

す。

そこで、自衛官の「戦死」についての不安をあおり立てている反対派やメディアには以下の点を問いたいと思います。

不幸にして日本が外国から攻められる状況が生まれた場合、最初から防衛戦闘を余儀なくされる「専守防衛」の自衛隊に少なくとも数万人の「戦死者」が出ることを、1度たりとも心配してくれたことがあったでしょうか、と。むろん、そんな事態にあっては何十万人もの国民が犠牲となるわけです。自衛官の「戦死」ということを語るのであれば、まずは数万人の「戦死者」が出ないように議論するのが、物事の順序というものではないでしょうか。

この点を見ただけでも、反対派やメディアがいう「リスクの増大」や「自衛官の戦死」が、いかに無責任で空疎なものであるか理解できるというものです。

反対派やメディアには重ねて聞きたい。あなた方は国際平和協力活動に自衛隊を派遣し、日本の平和主義に即した活動をさせるための要素が多分に含まれている平和安全法制に反対しています。そのようにして国民の不安をあおり立てた結果、そのことで自衛隊志願者が減れば、あなた方自身の安全を守るための災害派遣にも不十分な規模の自衛隊になってしまう可能性があることを、一度たりとも考えたことがあるのでしょうか。あなた方は、天にツバするような反対論を述べ立てているのです。

◉靖国神社を小道具に使う朝日新聞

2016年2月18日付朝日新聞朝刊1面に、隊列を組んで靖国神社に参拝する防衛大学校の学生たちの写真とともに、大きな企画記事が掲載されました。「(戦後70年) 近づく　靖国と自衛官」と大見出しがおどっています。見出しの「近づく」に関係する部分だけ拾っておきます。

(前略) 例大祭からひと月が過ぎた昨年11月末、志摩(筆者注・防衛大学校1期生で旧陸軍将校や陸上自衛隊OBらの親睦団体・偕行社の理事長に就任した元陸上幕僚長の志摩篤さん) の後輩にあたる防大生たち約400人が、制服姿で靖国に参拝した。学生有志の「私的行事」として、例年、千鳥ケ淵戦没者墓苑と併せて訪れている。春から航空自衛隊に配属される4年の男子学生は「私たちを見守って下さい」と祈った。任官を控え、自らの職務を「ちょっと怖いな」と思うようになったという。

遠ざかっていた「戦死」が再びリアルに感じられる時代に、自衛隊員やOBが靖国との距離を縮めている。（西本秀）

企画は、国際平和協力活動の拡大などで自衛官に求められるようになった「覚悟」と戦死者を追悼する靖国神社の距離感が狭まっているのではないかという問題提起を通じて、集団的自衛権の行使に反対する朝日新聞らしい姿勢を打ち出したものです。

読む側としては、高齢化に直面した靖国神社を支える側の実情などもわかり、それなりに参考になる企画ではあります。

しかし、参拝する防衛大学校の学生たちの写真をながめていて、私の中で違和感が膨れあがるのを禁じ得ませんでした。

ご存じかも知れませんが、私は１９６１（昭和36）年４月、自衛隊生徒（少年自衛官）として15歳で横須賀市にある陸上自衛隊生徒教育隊（現・陸上自衛隊高等工科学校）に入隊しました。その直後の５月、社会見学で東京都内をめぐった際、自衛隊の制服制帽を着用し、同期生５２０人と隊列を組んで靖国神社と明治神宮に参拝した経験があるからです。

当時は「60年安保」の翌年で、全学連の挫折感と重なるように哀調を帯びた西田佐知子の『アカシアの雨がやむとき』が街に流れていましたし、制服自衛官を見ると「税金泥棒」の罵声《ばせい》が浴びせかけられるような時期でもありました。

その一方で、京浜急行だったのか、江ノ島鎌倉観光だったのかは忘れましたが、観光バスを連ねて東京に行き、それこそ堂々と靖国神社に参拝し、それが問題視されなかったのですから、朝日新聞の記事に出てくる防大生たちの「学生有志の『私的行事』として」という遠慮ぶりに、かえって驚かされるのです。当時の写真には、堂々と明治神宮の大鳥居をくぐる2個教育中隊の姿が残っています。

未明に非常呼集がかかり、完全武装で近くの武山山頂まで駆け足で登り、呼吸を整えたあと、当直幹部の号令で武山不動尊に捧げ銃の敬礼をするのは、いつものことでした。

それだけではありません。1960年代前半の時期、少なくとも私たちは演習や射撃訓練では作業服（戦闘服）に鉄帽（ヘルメットの上にかぶる鉄兜《かぶと》）姿で、手にはM1小銃、腰には銃剣と弾帯といういでたちで、一般乗客に混じって鉄道で移動していました。1962年秋の自衛隊記念日の中央パレードには、横須賀から会場の神宮外苑まで制服制帽にM1小銃を携えて横須賀線と地下鉄で移動したことを覚えています。

デモ隊に抜き身の銃剣を突きつけて進む形の治安出動訓練も行ないました。1962年

10月末のキューバ危機では、米軍と同じ「訓練」名目で三日三晩、完全武装のまま待機させられました。

それでも、国民との間でトラブルを経験することはありませんでした。そんな自衛隊と一般国民の間に距離ができていくのが「70年安保」の頃からだったような気がします。自衛隊側がというより、時の政府・与党が自主規制に走ったからです。

朝日新聞が書くように、いま自衛官と靖国の距離が本当に縮まっているのかどうかも、そうした政府・与党による自主規制が続いた時期と、そして1970年代半ばからの旧ソ連に対する北方脅威論が頭をもたげた時期、ソ連崩壊後に国際平和協力活動に乗り出していった時期などとの関連性において、ながめてみる必要があるのではないかと思います。

朝日新聞の記事を貫くのは、集団的自衛権の行使によって自衛官が「戦死」する可能性が高まることを強調する姿勢ですが、そのなかで靖国神社が「戦死の象徴」として「小道具」に使われている印象があるのです。

◉東京新聞が記事を一部削除した大誤報

朝日新聞だけではありません。自衛隊の海外派遣に反対する東京新聞は集団的自衛権行使容認の閣議決定の2年前、２０１２年9月27日付朝刊１面に、「イラク帰還隊員25人自殺　自衛隊　期間中の数突出」という記事を掲載しました。

記事は、「自衛隊全体の11年度の自殺者は78人で、自殺率を示す10万人あたり換算で34・2人。イラク特措法で派遣され、帰国後に自殺した隊員を10万人あたりに置き換えると陸自は３４５・５人で自衛隊全体の10倍、空自は１６６・７人で5倍になる。一般公務員の１・5倍とただでさえ自殺者が多い自衛隊にあっても極めて高率だ」と報じています。

この記事は、日本報道検証機構（ＧｏＨｏｏ）が東京新聞編集局に指摘した結果、２０１５年6月25日に訂正記事を出し、記事を一部削除するまでにいたりました。以下、同機構が運営するウェブサイトから引用します。少し長いですが、誤解が生じないためですからご辛抱ください。

自殺率は一般に「10万人あたりの年間自殺者数」で表される。２０１１年の自衛隊全体（あるいは公務員）の自殺率と比較するのであれば、２０１１年の派遣隊員の自殺者数から自殺率を算出する必要があったと考えられる。

政府・防衛省は派遣隊員の「年度別」自殺者数を公表していないが、派遣開始から２００７年10月末までの派遣自衛官の自殺者数は８人（陸自７人、空自１人）と公表されていた。東京新聞の報道で２０１２年８月末現在の自殺者数は陸自19人、空自６人と判明したことから、07年11月〜12年８月の自殺者数は陸自12人、空自５人の合計17人と推定できる。イラク特措法で派遣された自衛官の実数は８７９０人（延べ人数は約９５６０人だが、実数は複数回派遣された隊員を差し引いた人数。海自約３３０人を含む。当機構が防衛省人事教育局に確認）。２０１１年単年度の派遣隊員の自殺率は算出できないが、07年11月〜12年８月の年間平均自殺率を単純計算すると「40・０人」となる（17人÷８７９０人÷４・83年×10万人）。２０１１年の自衛隊全体の自殺率（34・２人）よりやや多いが、「５倍」や「10倍」、「（自衛隊の中でも）極めて高率」といった記述は明らかな間違いといえる。

ちなみに、２０１１年の一般職国家公務員の自殺率は20・７人で、自衛隊全体の自殺率を「一般公務員の１・５倍」と指摘した部分は必ずしも間違いではない。ただ、男性の自殺率は女性の約２・５倍に上るため（同年の日本人全体の自殺率は25・８人、男性は37・８人、女性は14・３人）、約95％が男性である自衛官の自殺率と、一般職国家公務員（約75％が男性）

の自殺率を単純比較するのは難しい面もある。

また、東京新聞は、陸自が派遣していた２００４年～06年の３年間の自衛隊全体の自殺者数が他の年を大きく上回り年間90人以上だったことに着目し、「自衛隊全体の自殺者数を押し上げている」と解説。読者に２０００年～11年の自衛隊全体の自殺者数の推移を表した棒グラフも示し、イラク特措法での派遣が原因で自衛官の自殺者が急増したかのような印象を与える記事になっていた。

しかし、東京新聞の記事が掲載された当時、２００４年～07年10月末の派遣隊員の自殺者８人にとどまっていたことは判明していた（同紙２００７年11月13日付夕刊も報道）。この８人の自殺時期が２００４年～06年に集中していたと仮定しても、自衛隊全体の自殺者２８０人に占める割合は約２・８％で、３年間の全体の自殺者数を大きく押し上げた主たる要因でなかったことは明らかだったといえる。

この点に関して、東京新聞は「自衛隊全体の自殺者数を押し上げている」の部分を「自衛隊全体の自殺者数を押し上げている可能性がある」に訂正した。

誤報の記事を執筆したのは半田滋・論説兼編集委員。半田氏は、今年（注・２０１５年）５月９日に開かれた金沢弁護士会主催のシンポジウムにパネリストとして出席し、派遣自衛官のうち29人が自殺したことに触れ、「これは他の公務員の自殺率の５〜10倍。こういった事態の検証を一度もしないまま、自衛隊の活動を世界に広げるのは許されない」と語ったと報じられていた（朝日新聞２０１５年５月10日付朝刊大阪本社・石川版）。

政府は６月５日、イラク特措法で派遣された自衛官の自殺者数は合計29人（陸自21人、空自８人）になったと発表。他方、防衛省は、自民党国防部会に配布した資料で、イラク特措法による派遣自衛官の２００５年〜２０１４年度の年平均自殺率を「約33・０人」と算出し（計算式は29人÷８７９０人÷10年×10万人＝33・０人とみられる）、同期間中の男性自衛官の自殺率（約35・９人）や一般成人男性の自殺率（約40・８人）よりも低いと説明している。

［GoHoo「イラク派遣自衛官の自殺率「自衛隊全体の５〜10倍」は誤り東京新聞が訂正」http://gohoo.org/15062501/］

このように、反対派は虚偽の数字を根拠に自衛官のリスクをあおってきた印象は濃厚です。

東京新聞の誤報をもとに文章を書いた柳澤協二氏（防衛省出身の元内閣官房副長官補）もまた、２０１５年7月1日、参考人として出席した衆議院平和安全保障法制特別委員会で自民党の原田義昭議員に指摘され、東京新聞のデータを鵜呑みにしていたことを認めて訂正しました。

与党推薦の参考人として同席していた私は、怒りがこみ上げてくるのを押さえるのに苦労したのを覚えています。官房副長官補としてイラク復興支援を担当し、防衛政策を誰よりも熟知していると自負している柳澤氏が、東京新聞の数字に疑問や違和感を覚えなかったというのは、あってはならないことだからです。

この柳澤氏を集団的自衛権行使容認と平和安全法制に反対する陣営のヒーローのように扱ってきたマスコミは、その人物の言動の中身ではなく、肩書きによってしか価値判断できない見識不足を露呈してしまったのです。

Q
29
自衛官のリスクは本当に高まるのでしょうか？

◉「木を見て森を見ず」の批判

平和安全法制の国会審議が開始される直前の2015年5月22日、野党側は次のように自衛官のリスクを訴えました。

（平和安全法制の）枠組みが大きく変わるから当然リスクは高まる。
（岡田克也民主党（当時）代表）

リスクはまったくありませんということで終始していくと非常に上滑りの議論になる。
（長妻昭民主党（当時）代表代行）

集団的自衛権を根拠に武力行使を伴う活動に派遣する。素直にリスクを認め、国民の理解を得ていかないと、国民をだますことになる。
（柿沢未途維新の党（当時）幹事長）

殺し、殺されるのが現実に起こりうる事態だ。
（赤嶺政賢共産党衆議院議員）

民主党（当時）は国際平和支援法案の「他国軍への後方支援」に絞って「自衛官のリスク」を指摘していますが、その点は少し整理しておく必要があるでしょう。

これは「駆け付け警護」が可能になる国連平和維持活動（ＰＫＯ）など国際平和協力活動にも通じることですが、確かに任務の拡大に伴うリスクは、その任務の内容によって高まる可能性はあります。しかし、任務に比べて自衛隊の安全を確保する編成・装備・法制度が伴えば、むしろリスクは低くなるとさえ言える問題でもあります。

そのような相対的な見方を無視して、十把一絡《じっぱひとから》げにリスクが高まると主張することは、まるで「木を見て森を見ず」を象徴しているような印象さえあります。

もちろん政府側にも整理すべき点は残っています。

新たな平和安全法制は、民主党（当時）が問題視したように後方支援のみを拡充するわけではありません。あらゆる事態に切れ目なく対応する態勢を整えることで「抑止力が高まる。相手が攻めてこなくなる」（菅義偉官房長官）というのが政府の立場です。つまり、抑止力の強化によって日本が武力攻撃を受ける可能性が減るぶんだけ、自衛官が直面するリスクも減るというものですが、「そうかなぁ」と思わずにはいられません。

まず、私がたびたび指摘してきた「集団的自衛権」と「集団安全保障」に関する混同が、いまだに続いているのが気になります。

抑止力が高まって日本国がより安全になるのは事実ですが、これは同盟国などとの間の国家主権が関係する集団的自衛権の行使容認によるものです。そして、それは第一線の自衛官の安全とは別の問題でもあります。特に国際平和協力活動など集団安全保障の場合は、国家的な抑止力の向上とかかわりなく、現場におけるリスクは存在し、それと向き合わなければならないからです。

これについては、次のような国会答弁くらいはしてほしいと思います。

これまでの法制度のもとでは、たとえば国際平和協力活動で海外に派遣される自衛隊にしても、手枷《かせ》足枷をかけられ、自らを守るにも不十分な編成・装備であり、外国軍隊に警護を要請しなければならないほどリスクの高い状態に置かれてきた。しかし、平和安全法制の整備によって編成・装備面についても憲法の枠内で可能なレベルを追求できるようになり、従来に比べてリスクが低減することは確かだ。

◉編成・装備がリスク低減のカギ

自衛官のリスクを少なくしていくカギは、国際平和協力活動や後方支援に派遣される陸上自衛隊の編成・装備に隠されています。

警備・警護の任務が求められる普通科（歩兵）部隊については、次のような普通科連隊の部隊装備火器の範囲内で、任務に応じて柔軟に取捨選択できるように法制度を定める必要があります。第3章で述べたことですが、一般になじみのない武器の話ですから、いま一度復習しておきます。

普通科連隊の部隊装備火器は、拳銃、小銃、機関銃などの小型武器から始まって、84ミリ無反動砲（カールグスタフ）、110ミリ個人携帯対戦車弾（パンツァーファーストⅢ）、01式軽対戦車誘導弾、81ミリ迫撃砲、120ミリ迫撃砲RT（重迫撃砲）、91式携帯地対空誘導弾（携SAM）などがあります。

たとえば、81ミリ迫撃砲の射程距離は5600メートル。120ミリ迫撃砲RTの射程距離は10キロ余り、01式軽対戦車誘導弾は射程距離1キロ以上、91式携帯地対空誘導弾は射程距離5キロです。ここまでは守りの性格の強い「盾」にあたる武器で、戦車や火砲のような「矛」にあたる強力な打撃力や長射程の威力はありません。この「盾」にあたる武器の範囲内で、任務に必要な武器を柔軟に取捨選択できるようにするのです。

少なくとも、ここまで詰めておかないと、自衛官が直面するリスクに関する議論は机上の空論に終わりかねず、リスクは存在し続けることになります。

現状では、自衛隊、そして海上保安庁や警察ですらも、日本国内でしか通用しない独りよがりの議論から生まれた法律や制度、武器使用基準によって、任務を執行するのが難しいほど手足をがんじがらめに縛られています。

しかし、自衛隊などを攻撃してくる相手はフリーハンドなのです。その前に自衛官、海上保安官、警察官の身をさらさせることこそ、最大のリスクと言わなければなりません。自衛官のリスクを指摘するのであれば、「これ以上のリスクがあるのか」と問いただしたいところです。

◉アフガンで成功した日本モデル

自衛官のリスクが語られるとき、同盟国との間の集団的自衛権の行使であるのか、それとも国連平和維持活動（ＰＫＯ）など集団安全保障措置であるのかを問わず、自衛隊が海外に派遣され、それに伴って戦死者が出るのは避けられないかのようなキャンペーンが展開されています。

本来は、ほかの組織では対応できないリスクがある任務だから軍事組織である自衛隊が派遣されることを前提に、自衛官のリスクが局限されるような措置を講じるように求めるべきところです。ところが、反対する側、そして、それに同調するマスコミは、戦死する可能性を強調することによって自衛隊の士気が低下することを狙い、退職者が増え、志願者が減ることを狙っているとしか思えないような論調です。

そして、自衛官の戦死に対する国民の恐怖をかき立てるかのように例示されるのが、アフガニスタンにおけるドイツ軍のケースです。

これについては、2014年6月15日付朝日新聞が1面トップで誤報（国連決議に基づく集団安全保障措置だったのを集団的自衛権の行使と報道）し、私などが指摘した結果、1年かかってパブリックエディターの署名原稿という形で「訂正記事」が出たわけですが、それでもなお、国連平和維持活動（ＰＫＯ）のような集団安全保障でも戦死者は出る、後方支援でも戦死者は出るとする代表例として使われているのです。この朝日新聞の「訂正記事」のあともテレビ朝日『報道ステーション』で特集され、集団的自衛権の限定行使を容認してきた層の国民にまで動揺を与えました。

ここで思い出されるのは、ドイツ軍と同じ国際治安支援部隊（ＩＳＡＦ）としてアフガニスタンに派遣されたオランダ軍について、オランダ政府当局が他国に比較して戦死者が少ないことを誇りとしていると紹介した毎日新聞の記事（２００９年5月14日）です。

現地住民の生活を優先し、信頼感・相互理解を醸成したオランダ軍についての記事です。これを読んだとき、私は「オランダ・モデル」などではなく「日本モデル」だと呟きました。それというのも、２００４年1月9日～２００６年9月9日の2年8カ月間のイラク復興支援に派遣された陸上自衛隊は、自らを守るにも不十分な編成・装備しか許されないという逆境を克服するため、現地住民との信頼関係の構築を最優先し、無事、任務を達成することができたことを知っていたからです。

役割分担として陸上自衛隊の安全をも図る治安維持任務に当たっていたオランダ軍（２００3年～２００5年3月、その後はイギリス軍とオーストラリア軍）は、陸上自衛隊が実行した住民との信頼関係構築の有効性に注目し、日本モデルをアフガニスタンで実行に移したと思われるからです。

むろん、オランダ軍にも２００6年からの2年半あまりで19人の戦死者は出ています。

それでもオランダ当局が「オランダ・モデル」として自信を持って語るのは、米軍（2001年から683人）、イギリス軍（2002年から158人）、カナダ軍（同118人）が出した戦死者に比べて、際だって少なく、やり方次第では損害を減らせることを証明できたからにほかなりません。

アフガニスタンでのISAFには2001年末〜2014年末の間、51カ国約14万人が派遣され、約3500人の戦死者が出ています。しかし、その一方で戦死者ゼロの国も21カ国あるのです。ちなみに、永世中立国のスイスは2003年から08年2月までに、アフガニスタン北部のドイツ軍部隊に、偵察要員と地方復興チーム（PRT）のために、軍医を含むのべ31人の将校を派遣しています。

その違いは、担当した地域や任務の危険度によって千差万別なのです。

仮に実戦経験のない陸上自衛隊がアフガニスタンに派遣されるとすれば、それでも能力の高さや日本の国力からして、危険度は高くないがドイツやオランダよりも広い面積の地域で復興支援に当たることなどが考えられます。

そこでモノを言うのが政治力です。安全な地域や任務を手にできるかどうかは、「早い者勝ち」という面があるのです。そのように素早く動いて、比較的安全な地域を担当することに成功し、死傷者をゼロにするというのは不可能なことではありません。ＩＳＡＦのような集団安全保障措置における後方支援任務についても、イラクと同じように知恵を絞って「日本モデル」を編み出し、各国のモデルになるほどの努力を重ねる中で、日本は戦死者を出さずにすむのです。

いたずらに戦死の恐怖で国民の心を乱すのではなく、少なくとも国際平和協力活動において日本が戦死者を出すことなく平和主義に恥じない働きができるよう、その角度からの報道があってもよい頃だと思います。

◉SEALDsのブックレットの誤解

こんな言いがかりのような反対論がまかり通る日本の状況です。改正された周辺事態安全確保法、新たに制定された国際平和支援法に盛り込まれている「後方支援」ひとつを見ても、「これまでと違う血なまぐさいことが始まる」と思っている人が少なからずいるようです。２０１６年2月19日には民主・共産・維新・社民・生活の野党5党が平和安全法制を廃止する法案2本を共同で提出しました。メディアに登場する平和安全法制への反対派の意見を見ても、日本の後方支援が飛躍的に拡大し、「自衛官のリスクが高まる」「日本はアメリカの戦争に巻き込まれてしまう」といった議論ばかりが目につきます。
たとえば、ＳＥＡＬＤｓ（シールズ）のサイトに安全保障関連法案を解説するブックレットがあります。最初のページに「私たちは『安全保障関連法案』（安保法制）が、日本国民の安全をおびやかす、とても危険なものだと考えています。その理由は、３つあります」として３点挙げてありますが、その２つ目のポイントが後方支援なのです。反対派の典型的な主張として引用しておきます。

POINT 02「後方支援」という名目の参戦により、自衛隊員と国民のリスクが高まる。

今回の安保法制で、自衛隊員が攻撃されるリスクは飛躍的に高まります。政府は、自衛隊が米軍をはじめとする他国軍の戦争に、補給や輸送などで協力することを「後方支援」と呼び、「戦争に参加する」という印象をうすめようとしています。しかし法案は、これまで禁じられていた「弾薬の提供」など、限りなく戦闘行為に近づく活動を認めています。補給部隊が狙われやすいことは戦争の常識です。自衛隊が攻撃を受けて戦闘になり、隊員が「誰かを殺すかもしれない／誰かに殺されるかもしれない」機会は間違いなく増えます。

また、自衛隊の活動範囲も大幅に広がります。朝鮮半島など日本周辺のみとされていた地理的な制限もなくなり、地球上のどこで戦争が起きても、自衛隊の派兵が可能になります。さらに、現地での自衛隊の活動範囲が、戦闘地域に大きく近づきます。これまで自衛隊による活動は「非戦闘地域」に限定されていましたが、今回の安保法制では「現に戦闘が行われている現場以外」という条件に変わります。つまり、「自衛隊が活動をはじめた後に戦闘が起きた」という状況になることも、当然考えられるわけです。

あくまで「後方支援」といいつづける安倍首相ですが、これは国際的にみれば「戦争参加」そのものです。他国からは脅威とみなされ、これまでにない大きな危険が生じます。自衛隊の活動を「非戦闘地域」に制限していたイラク戦争時の支援活動でさえ、実際の現場では自衛隊に対する攻撃が次々と起きました。「支援」の名の下に戦闘区域のすぐ近くで活動するようになることは間違いなく、リスクが高まることはあきらかです。なおいうまでもなく、こうした戦争参加は、自衛隊員のみならず、日本や海外の日本人がテロにあうリスクを著しく高めます。

［SEALDsの安保法制解説ブックレットより
https://uploads.strikinglycdn.com/files/231363/8f446647-f2a8-420c-9525-e2ef25991956/SEALDsBooklet.pdf］

しかし、SEALDsのブックレットにある「自衛隊の活動を『非戦闘地域』に制限していたイラク戦争時の支援活動でさえ、実際の現場では自衛隊に対する攻撃が次々と起きました」というのはまったくのデタラメです。先に述べた朝日新聞が、派遣期間中に10回以上、砲弾（迫撃砲弾など）が飛んできたことを「戦闘地域」だったとする虚偽の報道（159ページ）を鵜呑みにしているのです。

日本で平和安全法制反対を叫ぶ人びとの考えている後方支援は、自衛隊が弾薬箱を担いで戦闘中の米軍のあとをついて回り補給するというイメージです。しかし、そんなことは、どの国も日本に求めていませんし、自衛隊もやる準備などありません。

まず集団的自衛権がかかわる改正された周辺事態安全確保法では、自衛隊が後方支援を行なう対象は、重要影響事態（放置したら日本への武力攻撃の恐れがあるなど、日本の平和と安全に重要な影響を与える状況）のときに日米安保条約の目的達成に寄与する活動を行なう米軍と、国連憲章の目的の達成に寄与する活動を行なう米軍を含む外国軍隊となっています。

このように自衛隊が戦場で米軍に弾薬を補給するときは、そのほとんどは日本や日本の周辺（たとえば日米安保条約にある極東）が戦場になり、日本も同時に個別的自衛権を発動し、自衛隊と米軍などがともに戦っているときの話です。

新たに制定された国際平和支援法のほうは国際平和協力活動、つまり国連平和維持活動（ＰＫＯ）や有志連合といった集団安全保障に関する後方支援をうたっています。

◉日本が期待される「後方支援」とは

集団安全保障に自衛隊を派遣するにあたり、日本が期待されている「後方支援」とは、どのようなものでしょうか。

実を言えば、日本ができることはそれほど多くありません。考えられるのは、（１）インド洋で行なったような洋上での給油活動、（２）イラクで実施したような空輸、（３）中東やアフリカなどにおける補給デポの建設・運用・警備の３つくらいで、もちろんどれも国連平和維持活動（PKO）や有志連合による集団安全保障における活動で、国家が武力でぶつかり合うような戦争は考えにくいのです。

しかも、（1）と（2）はこれまでも行なわれてきた後方支援です。より充実させる、頻度が高まるといったことはあっても、新しく何かを始めるわけではありません。これを戦争と呼ぶのであれば、日本はずっと前から手を染めており、「民主党政権時代も戦争を続けていた」という話になってしまいます。

日本ができる後方支援について説明しておきましょう。

第1にインド洋で行なったような給油活動ですが、これは高度な洋上補給の能力を持っている国が世界には少ないことも関係しています。アメリカ、イギリス、フランス、ドイツ、日本あたりが代表選手で、しかも日本は技術的なレベルが高く、当然、各国から大きく期待されています。

自衛隊のインド洋派遣は、アメリカ同時多発テロ事件とそれに引き続くアフガン戦争を受けて、2001〜10年まで実施されました。海上自衛隊の補給艦は、アラビア海を中心としたインド洋で「不朽の自由作戦」の海上阻止行動に従事する米軍などの艦船に対して洋上補給（給油）を行ないました。海上阻止行動は、武器、弾薬、テロリスト、資金源となる麻薬などの海上輸送を阻止する活動で、これに従事する艦船への洋上補給によって艦船が燃料補給のためにわざわざ寄港する手間を省くことができ、作戦活動の効率化ができます。

このときも米軍だけに限らず、イギリス、フランス、ドイツ、イタリア、パキスタン、カナダ、ニュージーランド、デンマーク、ギリシャ、オランダ、スペインなど各国の艦艇に給油しましたから、集団的自衛権の行使ではなく、集団安全保障の一環です。

第2はイラクや中東などにおける空輸で、これもイラク復興支援のとき実施しました。イラクでは航空自衛隊の戦術輸送機C130Hがクウェート－バクダッド間などの輸送業務に従事していました。弾薬を運んだ、武装した米兵を運んだ、地対空ミサイルをロックオンされたなどが問題とされましたが、あくまでイラク復興支援の活動で、イラク戦争に参加したわけではありません。これも集団的自衛権の話ではなく集団安全保障の話です。

3つ目の補給デポ建設はまだやったことがありませんが、補給・流通システムは建設も運用も日本の得意分野で、国際社会の期待が少なからずあります。これは、戦闘の行なわれている第一線に行くわけではありません。戦場ではないが、戦場に近い地域や国に補給拠点を自衛隊の部隊が建設・運用し、警備なども担当する、ということです。場合によっては、民間軍事会社（PMC）とジョイントで建設することもあるかもしれません。

◉自衛隊が核兵器を運ぶことなどあり得ない

後方支援についての国会論議では、輸送業務について野党が「核兵器を運ぶことはないのか」と質問し、政府が「国是としても運ぶことは断じてない」と答弁していましたね。聞く側も答える側も核兵器をどんなイメージでとらえているのか、私はたいへん疑問に思いました。というのは、そもそも米軍が自国の核兵器を、他国の軍隊である自衛隊に運ばせるはずがないからです。それに、爆撃機や原子力潜水艦に積まずに核兵器を戦場や戦場に近い場所に移動させるには、核兵器を管理し、護衛する専門部隊が必要です。自衛隊には運ぶ能力もノウハウもありません。仮に日本が「輸送します」と申し出ても、先方が断るに決まっています。

あの議論をしている政治家たちの抱くイメージは、B級アクション映画のレベルにとどまっていると言わざるを得ません。

ここで押さえておくべきは、日本列島の姿です。日本列島には在日米軍基地が84カ所あると述べましたが、この戦略的根拠地に支えられて米軍、そして朝鮮戦争の場合の国連軍は、任務を遂行してきました。ベトナム戦争、そして湾岸戦争を支えたのも日本です。個々の戦争に対する評価は分かれるでしょうし、歴史の審判に委ねるべき事柄でもありますが、このように「戦略的後方支援」をしてきた日本が危険にさらされたことがあったでしょうか。

そういったことに思いもいたさず、後方支援任務にかり出されて自衛官が戦死するなどと流言飛語《りゅうげんひご》を広めることは、世界平和に責任を持つ日本の国民として恥ずべき、無責任な言動だと思います。

大部分の国会議員と官僚が、自衛隊に勤務したことはおろか、軍事問題の基礎知識さえ備えていないのですから、リアリズムに欠ける議論になるのです。自衛隊の活動については「自分が自衛官になったつもり」で、真剣に取り組んでもらいたいものです。

第5章

若者は徴兵されるのか？

◉そもそも徴兵制とは？

平和安全法制に反対する人たちは、徴兵制が導入される「危険性」を強調しています。徴兵制とは、国家が国民に兵役に服する義務を課す制度のことです。フランス、ドイツなどが徴兵制を廃止、あるいは停止するなか、中国、韓国、ベトナムなど徴兵制を維持している国もありますし、永世中立国であるスイスも徴兵制です。適齢期の若者はすべて、「日本軍」に徴兵されそうな議論が口にされていますが、本当でしょうか。

残念なことに、日本では徴兵制に関する適切な議論が行なわれているとは言いがたい状況にあります。そこで本章では、賛成か反対かといった単純な議論ではなく、民主主義を機能させるという角度から、徴兵制について考えたいと思います。

Q30 徴兵制は苦役、憲法違反ではありませんか？

◉不安をあおる民主党のパンフレット

苦役、憲法違反というのは、日本で一般的にイメージされている徴兵制のことで、国際的にはそのどちらでもないことのほうが多いのです。

徴兵制について記憶に新しいのが、民主党（当時）が作った安全保障関連法案反対のパンフレットです。これは「必要以上に不安をあおる」として党内でも物議をかもしました。パンフレットには、第二次世界大戦中の旧日本軍の出征風景のイラストを添えた「いつかは徴兵制？　募る不安」のページで、「徴兵制は可能であると時々の政権によって解釈が変更される可能性も論理的には否定できない」としており、これに対し、党内の保守系議員の一部が「内容が過激で、誤解を与えかねない」と反発、配布の差し止めや破棄を党本部に申し入れる事態となったのです。

それでも当時の枝野幸男幹事長は「（パンフの）中身はいいものだ」と述べ、申し入れには応じない考えを示しました。

徴兵制の問題は国会でも取り上げられました。

政府が安全保障環境の変化を理由に憲法解釈を変更して集団的自衛権の行使を容認したのと同じ論法をとれば、徴兵制も可能になるのかどうかについて、衆議院平和安全法制特別委員会で民主党の辻元清美議員は「徴兵制についても、安全保障環境や時代が変わったら『一部限定的徴兵制』とか編み出すのではないか」と質問しました。

これに対して横畠裕介内閣法制局長官は「単なる環境の変化によって法的評価が変わるはずもない。今後とも違憲であるという判断に変更はあり得ない」と答弁しています。

横畠長官の答弁は、これまで政府が徴兵制について、人身の自由を定める憲法18条が「意に反する苦役に服させられない」と規定する趣旨から、本人の意思に反し、兵役を強制することは憲法上許容されない、と説明してきたことにそったものですが、いっぽう徴兵制の禁止は憲法に明記されておらず、憲法解釈による結論にすぎない点に懸念が示されたのです。

政府が根拠としてきた日本国憲法第18条は次の条文で、身体的自由権である奴隷的拘束・苦役からの自由について規定しています。


何人も、いかなる奴隷的拘束も受けない。又、犯罪に因る処罰の場合を除いては、その意に反する苦役に服させられない。

これを根拠として、日本の政府見解や通説は徴兵制について「意に反する苦役」に当たり、禁じられているとみなしてきました。

1981年2月4日、衆議院予算委員会で角田禮次郎内閣法制局長官は次のように答弁しています。

昨年（1980年）8月の徴兵制度についての政府の答弁書の趣旨というものは、徴兵制度についての定義を述べた後、徴兵制度は、結論だけ申し上げますと、憲法13条、18条などの規定の趣旨から見て許容されるものではないというふうに述べておりますす。（中略）

徴兵制度をしくことは憲法上許されないと、結論において政府答弁書は述べておりますが、その場合にも「奴隷的拘束」に当たるとは、私どもは全く考えておりません。「奴隷的拘束」というのは、非人道的な、人格を無視した自由の拘束を指すものであると解されております。いかなる場合においてもそういうものに当たるとはとうてい考えられないと思います。（後略）

2人の内閣法制局長官の答弁を見ても、民主党がいうような「奴隷的拘束」や「意に反する苦役」であるかどうかについて、内閣法制局側でも見解に温度差があることが明らかとなっています。

しかし問題は、議論が日本国内でしか通用しないレベルに終始している点です。野党の質問はむろんのこと、政府側の見解にも違和感を抱かざるを得ません。それは、徴兵制の内容を明確に定義しておらず、戦前の日本の徴兵制を、それも帝国陸軍内務班における新兵いじめといったイメージのもとに語っているからです。近代民主主義国における徴兵制を語る場合には論理的に議論を進める必要があります。

そんな日本が参考にすべきは、同じ敗戦国であるドイツの取り組みかもしれません。

◉徴兵制は究極のシビリアン・コントロール

ドイツ（西ドイツ）は1955年に「連邦軍」を創設し、再軍備に踏み切りました。そのドイツ連邦軍で極めて注目されるのは、当初から「内面教育」と呼ばれるシビリアン・コントロールに関する徹底した教育を行なってきた点です。そのコンセプトは、「軍服を着た市民」という考え方です。

徴兵制を採用したドイツでは、すべての国民に、かつては18カ月間、直近では6カ月間の軍務に服することが義務付けられてきました。同時に、「良心的兵役拒否」といって特別に宗教的な理由がある場合は兵役を拒否する権利が憲法（基本法）第4条に明記されており、その場合は社会福祉施設で徴兵と同じ期間、働くことになっていました。

このように、ドイツにおいては基本的に市民と軍人は異なる世界に生きる別々の存在ではなく、市民社会を形成している一般国民が軍事組織にも入り、そこで戦争や平和や人間の生死について自分なりに考えること、それが国民的抵抗の意思という国防の基盤を形成するという考え方なのです。

ドイツでは、軍隊を健全に維持するにあたり、1956年に「連邦軍協会」が作られました。軍人の「労働組合」です。また、兵士たちには軍人法によって「抗命権」、つまり「軍や上官の筋の通らない命令を拒否する権利」（後述）が認められています。

ドイツの考え方は、兵士の権利が保障され、部下が納得する命令しか出せなければ、指揮官は軍事的合理性に基づいた命令を出すようになり、軍としての能力も向上するという、極めて合理的な発想なのです。「赤旗を立てる軍隊なんてとんでもない」とブーイングが飛び出しそうな日本の風土とは、えらい違いではありませんか。

ドイツは2011年7月、徴兵制の「停止」を発表し、2014年を目標に職業軍人と志願兵による連邦軍に再編する方向を打ち出しました。これは、徴兵に依存してきた5〜6万人と徴兵適用年齢者45万人ほどの人口のバランスがとれず、その不公平性を解決する妙案がなかったことによります。徴兵制の廃止ではなく「停止」となっているのは、一朝有事の際には国民を挙げて侵略に抵抗するとの意思表示でもあります。

そのようなドイツの現状ですが、日本の国会のような現実を無視した一般論や机上の空論に終始することはありません。徴兵制が行なわれてきた結果、ドイツ第4位の議席を持つ環境政党・緑の党の国会議員でさえ相当数が予備役の軍人であり、国防についての観念的な議論が存在しないことによります。ドイツの軍隊や市民社会に対する考え方は、日本でも大いに参考になると思います。

関連して、平和安全法制への反対論に対する政府・与党側からの徴兵制に関する否定論として、「徴兵で入隊してくる人間に高度なハイテク兵器は使えないから徴兵制はあり得ない」というものがありますが、これは少し整理した方がよいでしょう。

考えればわかることですが、志願制であろうとも、高度なハイテク兵器やシステムに習熟するには一定の期間が必要で、逆に習熟するまでの一定の期間が徴兵制で確保されるのであれば、徴兵でもハイテク兵器を使いこなせるということなのです。

◉ドイツ軍には抗命権と抗命義務がある

そこで、先に述べたドイツ連邦軍の抗命権の話です。ドイツ連邦軍の特徴である抗命権と抗命義務、つまり軍や上官の筋の通らない命令を拒否する権利と、それにともなう義務について、その歴史上の起源から同僚の西恭之氏に説明してもらいます。

西氏によれば、ドイツ連邦共和国（当時は西ドイツ）は連邦軍発足直後の1956年4月、軍人の権利と義務を定めた軍人法を施行しました。そして、第11条「服従」の第1項と第2項は、軍人が拒否する権利と義務がある命令を、次のように定義したのです。

（1）（略）人間の尊厳を侵害する命令または職務上の目的のない命令に服従しないことは、抗命（罪）に当たらない。そのような命令を誤って実行した軍人は、誤りを避けることが不可能であり、かつ、命令に対する不服を申し立てることが可能だったとは考えられない場合を除いて責任を負う。

（2）結果として犯罪に至る命令に服従してはならない。（略）

抗命権と抗命義務が一体となって生まれたのは、次の2つの背景によるものです。

1　ナチス・ドイツの戦争犯罪と人道犯罪を連合国が裁いたニュルンベルク裁判や国防軍最高司令部裁判で、「自分はヒトラーや上官の命令に従って行動したまでで、責任はない」という被告の弁解が否定されたこと。

2　ヒトラー暗殺とナチス政権打倒を試みた国防軍将校が、連邦軍軍人の模範に採用されたこと。

ドイツ連邦軍を創設した旧国防軍将校らは、軍隊の伝統の重要性を認めつつ、「軍服を着た市民」にふさわしい伝統の源を、次の3点に限定しました。

1　プロイセン王国が1807〜13年に行なった軍事改革

これは現代に続く教育・法制度・国家観を築いた諸改革の一環であり、全国民が国を守るという理念は、連邦軍の伝統の基礎である。

2　軍人の反ヒトラー・反ナチ抵抗運動

連邦軍は、内なる信念と不正義に対する洞察から、犯罪と愚かな戦争を止めようとした人々の伝統を継承する。１９４４年７月20日のヒトラー暗殺未遂は、真の服従とは不正義に対する抵抗でもあることを示している。しかしながら、国防軍そのものは連邦軍の伝統の源となりえない。

3　連邦軍自身の伝統

連邦軍の創設が準備されていた１９５０年代初めの西ドイツでは、反ナチ抵抗運動が正しかったと考える国民は三分の一にすぎなかった。それでも連邦軍の創設者たちは、反ヒトラー反乱派が正しかったと面接で答えた者だけを将校として採用したので、抗命権と抗命義務がドイツ連邦軍の特徴となった。

このように、ドイツは人権を守り、民主主義を機能させつつ、国防と両立させるために多大な努力をしてきたのです。日本では、「ドイツを見習え」と口にするリベラルな言論人たちは少なからず存在しますが、不思議なことに、こうした話はまったく聞こえてこないのです。

◉徴兵制の議論はこんなに穴だらけ

集団的自衛権の行使容認に反対する立場から行なわれている徴兵制についての議論には、いくつかの問題点があります。西恭之氏は次のように指摘します。

まず自衛隊が海外で戦闘するようになると募集が困難になり、徴兵制が必要になるという仮説は、欧州諸国が、軍の任務を本国での総力戦から海外派兵に変えるのと同時に徴兵制を停止していった事実と矛盾しています。

次に「海外派兵している米軍は、仕事を選ぶことができない境遇にいる大量の若者を兵士の供給源としている」という「経済的徴兵制」の仮説は、後述のように実態を反映していません。

また、仮に米軍が経済的徴兵制によって維持されているのであれば、米軍によって防衛力を補完している日本国民は、不正義をアメリカ国民に強いていることになり、日米同盟を廃棄し、軍事的に自立するのが正しいことになってしまいます。

それに、これまで徴兵制と憲法の関係については、第18条の「奴隷的拘束」「苦役」にあたるか否かのみ議論されてきました。民主党のパンフレットも、『『安保法案』によって子どもたちの将来が大きな危険にさらされようとしている」として、終戦以前の陸軍出征兵士のイラストと合わせて、戦死の危険性をあおり立てています。

しかし、旧日本軍のように対象者の拒否権をなんら認めずに徴兵することは、現行憲法においては第19条が保障する「思想及び良心の自由」に対する侵害です。現憲法下でも徴兵制が可能だと主張する人たちは、「思想及び良心の自由」が徴兵制に優越することを保障するために、良心的兵役拒否権を憲法に追記することを主張すべきでしょう。

良心的兵役拒否権を日本国憲法に追記することは、徴兵制に反対することと矛盾しません。たとえば、ドイツ連邦共和国（西ドイツ）が基本法（憲法）で良心的兵役拒否権を保障した1949年には、軍隊はおろか、再軍備についての国民的合意も連合国との間の合意も存在していなかったのです。西ドイツが再軍備と徴兵制実施のために基本法を改正したのは1955年になってからのことです。

◉土井たか子さんと徴兵制を語った

徴兵制については、忘れられない思い出があります。日本社会党の委員長、社会民主党の党首、衆議院議長を務めた土井たか子さんです。土井さんは２０１４年９月20日、満85歳で亡くなりました。ここでは、徴兵制についての議論を整理する上で参考になるのではないかと思い、徴兵制について土井さんと話したときのエピソードを紹介しておきます。

２００７年１月９日、慶應義塾大学経済学部で行なった「連続講義　東アジア　日本が問われていること」の最終的なまとめとして、単行本（『連続講義　東アジア　日本が問われていること』として岩波書店から出版）にするための座談会を慶応義塾大学の三田キャンパスで行なった日のことです。

夕刻から、目黒のこじんまりしたレストランで慶応義塾大学側主催の夕食会が行なわれました。

出席者は、土井さん、宗教政治学者の池明観《チ・ミョングァン》さん、土井さんの政策秘書の五島昌子さん、慶応義塾大学経済学部の松村高夫教授、高草木光一教授、そして私です。

池明観さんは韓国人で、日本では東京女子大の教授も務めました。韓国が軍事政権下にあった当時からの民主化運動のリーダーの１人です。私の年代の日本人でも、月刊誌『世界』（岩波書店）に韓国の実情を報告する「韓国からの通信」を、１９７３年から88年までの16年間、「Ｔ・Ｋ生」というペンネームで連載していた人といえば、思い出す方も少なくないでしょう。

夕食会の途中から、私が土井さんとの憲法の特別講義で話した日本の安全保障の話になり、そこから徴兵制の可否について話が進んでいきました。

私は先述したようなドイツ連邦軍の例などを引きながら、国民皆兵は一般市民の意識が軍事組織の中に貫かれるという意味で、軍事組織が暴走しないための歯止めであり、究極のシビリアン・コントロールだという話を披露しました。

日本では、徴兵制というと、野間宏さんの小説『真空地帯』などを思い浮かべ、自衛隊を支持する人たちの中にさえ徴兵制を否定する空気があったりするのですが、「国民皆兵」という言葉に置き換えればイメージからして違ってきます。

戦後のドイツが、ナチス・ドイツの悪夢を繰り返さないために、さまざまな取り組みをするなかで、国民皆兵の営みを続けてきた姿も理解できるというものです。

たとえば、軍事組織の上層部がクーデターのような企みをめぐらせようとしても、軍事組織内部の至る所に徴兵されてきた一般市民がいるわけですから、「人の口に戸は立てられない」の言葉通り、どこかで悪事が露見してしまう可能性が大きく、軍事組織が暴走しにくい体質になるのは疑いのないところです。

土井さんは最初のうち、首をかしげながら、半信半疑のような表情で私の話を聞いていましたが、池明観さんが話し始めると表情が一変しました。

このとき満82歳だった池明観さんは、自らが韓国の軍事政権に弾圧された経験を踏まえながら、その韓国でも軍隊の中に多数の徴兵された市民が存在したことで、軍部はそれ以上の強圧的な行動には出られなかった、と述べたのです。

土井さんは、その話題が終わる頃、「もっと早く知っておきたかった」という言葉を口にしました。

夕食会が終わり、一同が目黒駅に向かう道すがら、土井さんは終始、腕組みをして、何かを考えながら歩いている様子でした。

それが土井さんとお会いした最後になってしまいましたが、首相に最も近いポジションまで上り詰めた日本女性としても、自分が日本国の運営を任されたときにどのように防衛力を維持すべきか、平和を実現すべきかといったことについて、思いをめぐらせておられたのではないかと、勝手に想像させていただいた次第です。

もっと若かったら、ひょっとして土井さんはリアリストに変身していたかも知れない、とも思いました。

さまざまな反省と思いを胸にした土井さんが、日本の平和と安全を天国から見守ってくださるよう、祈りたいと思います。

Q 31 アメリカは「経済的徴兵制」で社会的弱者が徴兵されているのですか?

◉貧困層の若者の大半は兵隊になれない

よく耳にする話ですが、アメリカが「経済的徴兵制」だというのは、大変に的外れな議論です。米軍の組織を研究したことのある西恭之氏は次のように指摘します。

集団的自衛権の行使容認について、「自衛官志願者が減り、徴兵制の導入が必要になる」とする反対論がありました。これに対して「志願兵制を導入しているアメリカなどは、それにもかかわらず戦闘を目的とする海外派遣を実現しているではないか」という反論が投げ返されてきました。

この反論に対して、反対派は「経済的徴兵制」なる表現で再反論を試みました。これは、

「米軍は、仕事を選ぶことができない境遇にいる大量の若者を兵士の供給源としている」という批判です。

米軍が経済的徴兵制に支えられているとする議論は、イラク戦争中には米議会の下院でも行われたものの、実を言えば実態を反映しておらず、根拠に欠けるものでしかありません。

それというのも、米国の低所得層の若者が兵士に占める割合は、人口比よりも少ないからです。経済的徴兵制の議論は、低所得層には新兵採用に応募する資格を満たさない若者が多いという実態を踏まえていません。

米国防総省が2007年に行なった調査によると、17～24歳の米国人のうち、なんと75パーセントが高校中退、重犯罪歴、肥満などの健康問題、薬物乱用、子供を養育中のひとり親であることなどの理由で、米軍の新兵採用に応募する資格を満たしていなかったのです。

これらの欠格事由を持つ米国人の割合は、低所得層で高くなっています。

加えて米軍の新兵に占める各所得層の割合については、2005年に経済学者のティム・ケーン博士が『誰が軍役を負担しているのか』という報告書をヘリテージ財団から刊行しています。

ケーン博士は国勢調査の集計地域を、平均所得によって分けました。もし経済的徴兵制の議論が正しいとすれば、所得の低い階層は、所得の高い階層よりも多くの新兵を提供しているはずです。

ところが実態は、経済的徴兵制の議論とは逆の結果でした。2003年に供給された新兵の割合で人口比よりも新兵が少なかったのは、所得が2万5000ドル以下と5万5000ドル以上の層でした。

以上から貧困層はそもそも兵隊になれないし、なっていないことがわかります。

また、経済的徴兵制に関連して、米軍には黒人が多いと信じられています。確かに、陸軍軍人に占める黒人の割合は、成人人口に占める割合より44％ほど多くなっています（2003年）。その理由は単純で、黒人は後方支援部隊に長年勤務する者が多い反面、長期勤務者にはヒスパニックとアジア系の割合が低いからです。むろん、貧困とは関係ありません。

日本において米軍が経済的徴兵制だという根拠に基づかない俗論が通用していることは、

政治家やマスコミが、隣人である米軍人について無知であることを示しており、国際的な失言につながるリスクを常に孕《はら》んでいるのです。

第6章

憲法9条こそ憲法違反だ！

◉憲法第９条の問題点

日本国民の多くが金科玉条のように尊重し、平和国家のシンボルのように思ってきた憲法第９条についても、異変が起こりつつあります。私のように、日本国憲法前文が掲げる基本原理から見ると第９条は違反しているとする指摘が出たり、護憲派の中からも、解釈改憲を「大人の知恵」として受け入れてきた護憲派は論理矛盾だと批判する人が現れるようになったのです。

これはあながち悪いことではありません。憲法をさまざまな角度から議論し、完成度を高めていくためには、避けて通れないプロセスだからです。日本には、その取り組みがあまりにも少な過ぎました。この章では、平和安全法制をめぐって浮かび上がった憲法第９条に関する問題点を取り上げてみたいと思います。

平和安全法制の審議が進んでいた２０１５年６月４日、衆議院憲法審査会の参考人質疑でハプニングがありました。出席した３人の憲法学者のうち、なんと与党推薦の参考人までが、野党側の参考人と一緒に「安保法制は憲法違反」と発言したのです。

衆院審査会：「安保法制は憲法違反」参考人全員が批判

衆院憲法審査会は4日、与野党が推薦した憲法学者3人を招いて参考人質疑を行った。この日は立憲主義などをテーマに議論する予定だったが、民主党の中川正春元文部科学相が、集団的自衛権の行使容認を含む安全保障関連法案について質問したのに対し、全員が「憲法9条違反」と明言した。政府・与党は今国会で、関連法案の必要性を丁寧に説明して国民の理解を得ようとしているが、専門家から批判的な見解が示されたことで、今後の審議への影響を懸念する声も出ている。

◇「解釈、整合性確保」官房長官

参考人は、自民党、公明党、次世代の党推薦の長谷部恭男氏、民主党推薦の小林節氏、維新の党推薦の笹田栄司氏。自民党の委員に続いて質問に立った中川氏は「先生方が裁判官なら安保法制をどう判断するか」と各氏の見解を聞いた。

長谷部氏は集団的自衛権の行使容認について「憲法違反だ。従来の政府見解の基本的枠組みでは説明がつかず、法的安定性を大きく揺るがす」と指摘。「外国軍隊の武力行使と一体化する恐れが極めて強い」と述べた。

小林氏も「憲法9条は海外で軍事活動する法的資格を与えていない。仲間の国を助けるために海外に戦争に行くのは憲法違反だ」と批判した。政府が集団的自衛権の行使例として想定するホルムズ海峡での機雷掃海や、朝鮮半島争乱の場合に日本人を輸送する米艦船への援護も「個別的自衛権で説明がつく」との見解を示した。

笹田氏は従来の安保法制を「内閣法制局と自民党が（憲法との整合性を）ガラス細工のようにぎりぎりで保ってきた。しかし今回、踏み越えてしまった」と述べた。

これに対し、安保法制に関する与党協議会で公明党の責任者だった北側一雄副代表は「9条でどこまで自衛の措置が許されるか、（憲法解釈を変更した）昨年7月の閣議決定に至るまで突き詰めて議論した」と反論。憲法上許される自衛の措置には集団的自衛権も一部含まれるという見解を示して、違憲ではないと強調した。

これに関連し、菅義偉官房長官は4日の記者会見で「憲法解釈として法的安定性や論理的整合性が確保されている」としたうえで、「まったく違憲でないという著名な憲法学者もたくさんいる」と述べた。

しかし、3人の参考人がそろって安保法制を批判したことに、自民党国対幹部は「自分たちが呼んだ参考人が違憲と言ったのだから、今後の審議に影響はある」と認めた。一方、民主党の長妻昭代表代行は会見で「本日の憲法審査会での議論を踏まえて質疑する」と述べ、5日に再開する衆院平和安全法制特別委員会で政府を追及する考えを示した。

［2015年6月4日付毎日新聞］

このニュースを眺めながら、むくむくと疑問が頭をもたげてきました――憲法第9条こそ憲法違反じゃないの？

この章では、日本の憲法論議、とりわけ護憲派のロジックのおかしな点、ご都合主義な部分について明らかにしていきたいと思います。

Q32 平和安全法制は「憲法9条違反」ではありませんか？

◉憲法前文の基本原理に反する9条

とんでもない。それどころか、「憲法第9条こそ憲法違反」とさえ言えるのです。

確かに、長谷部氏が言うように「従来の政府見解の基本的枠組みでは説明がつかない」「外国軍隊の武力行使と一体化する恐れが極めて強い」といった点は、その通りだと肯定することもできます。それに対する政府・与党側の反論は「苦しいなぁ」という印象でさえあります。

しかし、日本国憲法をめぐって「憲法違反」ということを指摘するのであれば、もっと大本《おおもと》から斬り込まなければならない問題があるはずです。これまでの日本の憲法論議で、その問題に触れたことは皆無だったと言ってよいかも知れません。

憲法第9条こそ、憲法違反だと思いませんか？　少なくとも、憲法第9条が違憲状態に置かれてきたことは、真正面から議論されてよいのではないかと思います。

その理由は明らかです。日本国憲法を貫いている「前文」と大きく矛盾する面を残しているからです。私は護憲派の法律専門家の皆さんに次のように問いかけてきました。

あなた方は憲法第9条について議論していますが、あたかも憲法第9条が日本国憲法を規定しているかのようですね。しかし、それは違うでしょう。日本国憲法を規定しているのは憲法前文のはずです。したがって、その前文と齟齬《そご》をきたした関係にある

第9条こそ憲法違反ではないですか。

日本国憲法の前文は、基本原理として国民主権、基本的人権、平和主義の3点を高く掲げています。

この憲法前文については、特に改憲派の側から文章が翻訳調であり、日本国の歴史、伝統、文化などに言及していない、などの批判がありますが、基本原理について否定する議論は世界的にも存在しないくらい、普遍性を備えていることも確かです。

その憲法前文は、平和主義について最後の部分で次のようにうたっています。

われらは、平和を維持し、専制と隷従、圧迫と偏狭を地上から永遠に除去しようと努めている国際社会において、名誉ある地位を占めたいと思ふ。われらは、全世界の国民が、ひとしく恐怖と欠乏から免れ、平和のうちに生存する権利を有することを確認する。われらは、いづれの国家も、自国のことのみに専念して他国を無視してはならないのであって、政治道徳の法則は、普遍的なものであり、この法則に従ふことは、自国の主権を維持し、他国と対等関係に立たうとする各国の責務であると信ずる。日本国民は、国家の名誉にかけ、全力をあげてこの崇高な理想と目的を達成することを誓ふ。

かみ砕いて言うなら、これは「日本国民は、世界の平和を実現するために行動することを誓う」と、誇り高く宣言していることにほかなりません。

それにもかかわらず、憲法第9条は次のような具体性に欠ける文言の羅列のまま放置されてきました。

第9条　日本国民は、正義と秩序を基調とする国際平和を誠実に希求し、国権の発動たる戦争と、武力による威嚇《いかく》又は武力の行使は、国際紛争を解決する手段としては、永久にこれを放棄する。

第2項　前項の目的を達するため、陸海空軍その他の戦力は、これを保持しない。国の交戦権は、これを認めない

「国権の発動たる戦争と武力の行使」を「国際紛争を解決する手段として」は行なわない

ということを「放棄」するというのであれば、「侵略的な戦争を行なわない」という意味に解釈することができないわけではありません。

しかし、国際法に違反した侵略国家に対する国連安保理決議に基づく集団安全保障措置まで「戦争」に含めてしまい、「武力の行使」だと決めつける大きな誤解と錯覚を生み出している元凶でもあります。その点は、憲法前文の基本原理と矛盾しているという角度から、整理する必要があると思います。

◉日本国の国際平和に対する責任の放棄

そこで問われるのは、世界の平和を実現するために行動するとは、いかなる姿形と能力をもってするのか、それは自国の安全を図るための防衛力との関係において、具体的にどのようなものになるのかという点です。

私は、憲法改正の議論で延々と時間が空費されることを、「日本国の国際平和に対する責任の放棄」だと考えています。

そこにおいては、憲法を正面から改正する方向で議論を進めつつも、今すぐにでも安全保障基本法のような法律を制定し、現在の憲法第9条の条文について、憲法前文の基本原理に照らした規定を加えるべきだと思います。

国家的な戦力投射能力を持たないこと、つまり現在の自衛隊のような外国を軍事的に席巻できない構造の軍事組織しか保持せず、侵略戦争をしないと明記することは可能なはずです。そうなれば、国連平和維持活動（ＰＫＯ）などの国際平和協力活動や有志連合への参加についても、なんら憲法違反の問題は生じないし、周辺諸国の懸念も生じにくいと思います。

そういった取り組みをしないまま、戦力の不保持が語られている現状は、ときの与野党の力関係においていかようにでも解釈が変更され、世界平和に対する国際公約を果たせないばかりか、国民も安心して暮らすことができない状態に置かれかねません。これを違憲状態と言わずして、なんと言うのでしょうか。

その時々で「自衛のための戦力を持つ場合は憲法の改正を要する」（保安隊創設時、吉田茂首相）といい、「日本には自衛権がある。だから自衛のための武力行使は憲法違反ではない。したがって自衛隊は憲法違反ではない」（鳩山一郎政権当時の憲法解釈の論理）と変化する、つまり異なる解釈が生まれるのを許す形にしておけば、憲法前文の基本原理に違反するだけでなく、国際的な信頼を失う可能性さえあることを忘れてはなりません。

集団的自衛権の行使について、元内閣法制局長官などから「憲法を改正するのがスジ」との見解が示されていますが、世界平和を実現し、自国の安全を確かなものにするための順番から言うと、時間がかかり、下手をすれば再び70年近くが空費される可能性があるのを知りながら、それでも「憲法改正がスジ」と言い張るのは反対論に等しいと思います。

鳩山政権当時の憲法解釈変更に比べても、安倍政権による憲法解釈の変更は大幅なものではありません。むしろ、自国の安全を武装中立ではなく、同盟関係によって実現する選択をした以上、その前提条件となる集団的自衛権の行使を容認して、同盟関係が日本の安全のためにフルに機能するように健全化すること、その政策的判断に主眼が置かれただけだということさえできるからです。

法律制度の完成度を高め、掲げる理念の実現に近づく上でも憲法改正は当然の手続きですが、改正を求める側はまず、憲法第9条こそ違憲であり、違憲状態が放置されてきたことを明確にしてから、改正への歩みを進めるべきではないかと思うのです。

その意味で、憲法審査会における参考人の意見は、末節とまでは言わないまでも、重箱の隅をつつくような旧態依然たる枝葉の議論の印象が強いと言わざるを得ません。いかに平和安全法制についての判断を求められた場面での見解表明だったと言っても、その問題は残るのではないかと思います。

付け加えておくなら、「憲法第9条こそ憲法違反」とする私の指摘に対して、護憲派の法律専門家からの反論は皆無でした。最初は無視されたのかと思いましたが、反論しない理由を法律専門家に問ううちに疑問が氷解したのです。司法試験の難関を突破するような頭脳明晰な法律専門家です。私の指摘を聞いた瞬間、「その角度から議論してこなかった」ということに気づいたのですが、護憲派の立場上、憲法の欠陥を自ら認めることになる見解に対して、首を縦に振ることはむろんのこと、横に振ることもできず、沈黙したというのです。

Q33 でも、日本国憲法は集団的自衛権、集団安全保障を否定していますよね？

◉日本国憲法と国連憲章・日米安保の関係

そんなことは、まったくありません。
少し落ち着いて考えて見て下さい。そもそもよく考えてみれば日本国憲法には個別的自衛権、集団的自衛権、集団安全保障のどれも出ていないのです。ではどこに出てくるのか？

国連憲章と日米安保条約です。順を追って見てみましょう。

まず第1に、日本国憲法には自衛権や集団安全保障を否定する部分はありません。それどころか、前文では基本原理としての平和主義が明確に示され、国際社会との協調もうたわれています。つまり、憲法前文の基本原理に照らすと国連憲章も日米安保条約も否定されていないのです。

第2に、国連憲章では安全保障理事会を中心として集団安全保障の構築を目指し、各国固有の権利としての集団的・個別的自衛権を成文で定め、103条で国連憲章の優越性を留保しながらも、地域的取極《とりきめ》や機関も認めています。むろん、日米安保条約も認められる対象です。

第3に、日米安保条約は国連憲章のもとでの条約であり、日米両国は国連の目的・原則を重んじ逸脱しないことを明記しています。また両国が日本周辺の極東地域の平和・安全の維持に寄与することを盛り込んでいます。

言い換えるなら、日本国の最高法規である日本国憲法のもとで疑義なく、集団的自衛権を含む日米安保条約を結び、集団安全保障を掲げる国連に加盟することを認められたのです。私はこのことを繰り返し指摘してきました。

そして集団的自衛権については、歴代の政権は原理的・教条的でなく政策的に判断してきたのです。その１つが１９８１年の「権利はあれども行使せず」という考え方です。これは解釈改憲というレベルのものではなく、具体的な政策判断です。その後、２０１４年まで33年を経て国際的な安全保障環境も変わり、日本の国際平和に対する役割と責任も大きくなっています。日本の持っている権利を行使して、日本の安全を高め、世界平和に寄与するという政策判断をするのは至極当然のことではありませんか。

もし集団的自衛権の行使容認が憲法違反であるのなら、国連憲章も日米安保条約も憲法違反ということになり、収拾がつかなくなってしまいます。

このように考えれば、これまで日本国民は憲法問題ですらない話を憲法問題にしてきた面があるのです。

Q 34
平和安全法制は国民の平和的生存権を侵害するのではありませんか？

◉平和的生存権を害する「安保法制違憲訴訟の会」

そのような意見があるのは事実です。しかし、「平和的生存権を害しているのはどちらなのか?」と申し上げたいですね。

確かに、平和安全法制に反対する弁護士さんたちが、そのような主張のもとに訴訟を起こしています。

全国で違憲訴訟提起へ＝安保法制反対の弁護士ら

安全保障関連法は違憲だとして、弁護士らでつくる『安保法制違憲訴訟の会』が21日、安保法制に基づく自衛隊出動の差し止めや平和的生存権の侵害による国家賠償を求める訴訟を全国の地裁で起こすと発表した。

各地の弁護士と連携して原告を募り、準備が整い次第、まずは各都道府県の地裁に国賠訴訟を起こす。差し止め訴訟は来年3月の法施行後、高裁がある全国8地裁に、民事訴訟と行政訴訟の両面で提訴する予定。既に全国で300人超の弁護士が訴訟に参加する意向を示しているという。

［２０１５年12月21日付時事通信］

どこがおかしいか、おわかりでしょうか？

平和的生存権については、次のような解釈が一般的です。

平和が確保されていることが、すべての人権が保障される前提条件であるとの認識のもとで、人々が平和のうちに生存する権利を独自の人権として把握したとき、これを平和的生存権と呼ぶ。日本国憲法の前文に、〈われらは、全世界の国民が、ひとしく恐怖と欠乏から免れ、平和のうちに生存する権利を有することを確認する〉とあることに着目して唱えられている〈新しい人権〉の一つであるが、理念的な権利としてはともかく、裁判で主張できる具体的権利としてはこの概念を認めない学説も有力である。この権利を裁判規範として認める学説にあっても、憲法上の具体的根拠をどの規定に求めるかについては一致しておらず（憲法前文、9条、第3章各条項、13条）、またこの権利の主体として、国家、民族、国民のいずれを考えるかについても見解は分かれている。（後略）

［『世界大百科事典』］

ここで挙げられた憲法の条文のうち、第9条は前文がうたう平和主義と齟齬をきたしており、憲法違反だということは、これまでにもご説明してきた通りです。

そして政府・与党は、日本国と国民が、さらに世界の人々が平和に生存していけるよう、平和安全法制を成立させたわけです。

これによって日米同盟の抑止力は向上し、国際平和を実現するための集団安全保障に関する取り組みも強まり、それを通じて日本国の安全を確かなものにする方向も明確になりました。

そのように考えると、「安保法制違憲訴訟の会」のような動きのほうこそ、そうした政府・与党の取り組みを否定することで世界の人々の平和的生存権を害していると言わざるを得ないのです。

政府・与党は、逆に「安保法制違憲訴訟の会」を告発する必要さえあるのです。

そうなれば、日本国民は「スジが通っているのはどちらか」、「どちらが世界の人々の平和的生存権を損ねているか」を理解するはずです。

Q
35
「解釈改憲」は憲法を機能させるのに適切な手段でしょうか？

◉そもそも「解釈改憲」は悪いことなのか？

私は「解釈改憲は悪」とする考え方にも、疑問を持っています。

2014年7月1日、安倍晋三政権は限定的ながら集団的自衛権の行使容認を閣議決定しました。

これに対して、反対する勢力からは「解釈改憲」だという非難がわき起こり、2015年9月に平和安全法制が成立したあとも、その非難はずっと続いています。

辞典類によると、「解釈改憲」とは次のように記述されています。

政府や議会などが、憲法改正の手続きを経ることなく、憲法の条項に対する解釈を変更することによって、憲法の意味や内容を変えること。

［デジタル大辞泉］

正規の手続によって憲法を改めるのではなく、条文の解釈を改めることで、事実上、規定の内容に、改正された場合と同程度の変更が生じること。変更された解釈が一般に認められるようになった場合を憲法の変遷という。

［大辞林］

（前略）〈解釈改憲〉とは、憲法の明文（規定）を改正することなく、憲法の解釈をその文言と論理からは不可能なまでゆがめることによって、明文改憲が行われたと同様の状態を解釈の名においてつくり出し、憲法とは本来両立しない政治を正当化しようとする政治のしかたを意味する。（後略）

［世界大百科事典「日本国憲法」より］

最初の２つの説明は客観的なものであり、最後の百科事典のものは執筆者が反対論者であることがわかるものです。

加えて２０１５年７月の共同通信の全国電話世論調査では安全保障関連法案を「憲法違反」と考える人は56・7％にのぼり、違反していないと考える29・2％を大きく上回っていました。日本国民のかなりの部分が「解釈改憲は悪」とする受け止め方をしているのは間違いないところだと思います。「解釈改憲は憲法を踏みにじるもの」というわけですね。

果たして、そうでしょうか。

◉集団的自衛権行使容認は「政策判断」

私は２０１５年7月1日、衆議院の平和安全法制特別委員会で次のような意見を述べました。

1　日本国の最高法規である日本国憲法は、日米安保条約の締結と国連加盟を容認しており、日米安保条約と国連憲章のいかなる条文も否定していない。

2　国家としての個別的自衛権と集団的自衛権の保有について、日米安保条約は内包しており、国連憲章は第51条に明記している。

3　したがって、集団的自衛権行使容認の閣議決定は憲法が許容する中での政策判断であり、憲法問題ですらない。１９８１年当時の「権利はあれど行使せず」というものも政策判断であり、今回もまた国際的な安全保障環境の変化を受けて新たな政策判断を行なったものである。

同時に、憲法の性格を規定している前文の基本原理の1つである平和主義は、世界の平和を実現するために行動することを誓うとの趣旨を誇り高くうたい上げています。

この平和主義に立つとき、少なくとも国連平和維持活動（ＰＫＯ）以上の平和創出活動に耐えられるレベルの軍事組織を持たなければならないはずなのに、憲法第９条の条文はいかなる軍事組織の保有をも禁じています。要するに憲法第９条のほうが日本国憲法の基本原理に反しているのです。こうなると、１９８１年当時の「権利はあれど行使せず」という政策判断も憲法前文がうたう平和主義と矛盾していることになります。

このように整理していくと、憲法の基本原理を踏まえるなかにおける政策判断の変更や進化を「解釈改憲」として罪悪視するのではなく、むしろ肯定的にとらえる考え方も必要になってくるのではないかと思います。

ちなみに、慶應義塾大学の山元一教授は次のように述べています。

明文改憲なくして軍事力の整備が行なわれてきたというところに日本の戦後の歴史の特徴があるのですが、これはドイツと比べると対照的です。ドイツでは１９５６年に憲法を改正して再軍備を明記し徴兵制を導入、かつ68年には緊急事態条項が明文改正で導入されました。賛否は別にして、やり方としては、まさに立憲主義的で非常に分かりやすいケースです。

しかし、そうした形が全てではない。実際、アメリカなどは「解釈で憲法を変え得る」という考え方も有力です。それも一つの文化です。

その場合、ある歴史的時点で「これがこの時代には良い解釈だ」というものが出されて、一般の人々そして法律家集団がそれに納得することによって定着します。「こういう状況だから、今こういうふうに解釈を変えないといけないのだ」と、理の通った説明がされ、多くの人が「なるほどそうだな」と思えるのであれば、憲法解釈の変更は許される。

ただし、「今、変えないといけない」ということの論証が、十分かどうかが問われます。

［2015年10月15日付「ダイヤモンドオンライン」］

この山元教授の考えに照らすと、日本は思考停止状態に陥っていることがわかります。日本が、「憲法改正は悪」「憲法解釈の変更も違憲」といった泥沼から抜け出すことができるのか、世界が注目しています。

Q
36
憲法9条はノーベル賞を受賞できますか？

◉世界平和に貢献していない憲法9条には無理

憲法第9条がノーベル賞を受賞することはない、と考えるのが自然です。その理由について、世界の憲法と平和の関係に詳しい同僚の西恭之氏は次のように説明しています。

2015年のノーベル平和賞が10月9日に発表されるまで、NHK、朝日新聞、共同通信など日本のメディアは、憲法9条の改正に反対する日本の「九条の会」が受賞する可能性を大きく取り上げました。

その根拠は、民間研究機関「オスロ国際平和研究所」（PRIO）のハルプビケン所長が毎年発表している最終候補5者のリストです。2014年のノーベル平和賞が発表される前は、「憲法9条を保持する日本国民」がハルプビケン氏のリストに載ったことも大きく報道されました。

一連の報道には、2つの問題があります。

まず、ハルプビケン氏は、リストは「推薦される候補者の質を高める目的」で、個人的な希望をこめて選んでいると明言しているのですが、日本のメディアは、あたかも候補者が実際に受賞する可能性を示しているかのように報道してしまいました。

次に、「憲法9条を保持する日本国民」や「九条の会」が受賞する可能性を報道したメディアは、ノルウェー・ノーベル委員会の判断が、ハルプビケン氏およびメディア自らの立場と2年にわたって異なったのはなぜか、という視点を読者に提供していません。

ノルウェー・ノーベル委員会は、ノルウェー国会が任命するノルウェー人5人からなっています。日本国憲法第9条が世界に類のない平和憲法だと主張し、改正に反対する運動が、ノーベル平和賞に値するかを評価するのは、この委員会です。委員たちはまず、憲法9条が欧州諸国の憲法よりも世界平和に貢献しているのかどうかを考えることになります。たとえば、オーストリア憲法とドイツ基本法は、世界の大多数の国々が受け入れている国際法の原則は国内法と同じ効力を有する、と定めることによって、そうした原則に反する侵略戦争や人権侵害を可能とする憲法改正や立法を禁止しています。

また、オランダ憲法は、軍隊の目的として「王国の防衛及び王国の利益の保護並びに国際的な法秩序の維持及び促進」を併記することによって、国際的な法秩序に反する利益の追及を禁止するとともに、世界平和のために行動する義務を政府に課しています。

加えて、第4章で述べたように、日本では解釈改憲で徴兵制が実施されるおそれが語られていますが、ドイツ基本法は、改正により徴兵制が実施される場合に備えて、良心的兵役拒否権をあらかじめ保障し、良心の自由を尊重する軍隊しかもたないことも保障しているのです。

このように、日本国憲法公布の前もそのあとも、いくつもの国々が平和を実現するために憲法を制定・改正してきています。彼らの取り組みと日本の現状を比べれば、憲法9条がノーベル賞候補にもなり得ないことはわかりそうなものです。このレベルの判断をクリアできていない日本のメディアは滑稽ですらあります。平和を実現する報道にほど遠いことは言うまでもありません。

Q 37 「護憲派」は化石のような人の集まりですか？

◉今井一という思想家の問いかけ

護憲派と聞くと、ヒステリックで化石のように思考停止した人たちを思い浮かべる方もいるかもしれません。その通りであることも少なくないのですが、もちろん、まともな人、話の通じる人がいないわけではありません。

その代表格はジャーナリストの今井一さんでしょう。今井さんは、右か左かでいえば左のほうの人で、安倍晋三政権には批判的ですが、その一方で、「何が何でも憲法改正反対。現行の9条を守るのだ」という護憲派に対しても非常に批判的です。

今井さんは1981年頃から、東欧民主化の象徴となったポーランドの独立自主管理労組「連帯」を取材し、のちに『チェシチ――うねるポーランドへ』（朝日新聞社、1990年）という本を書いたノンフィクション・ライターです。この本はノンフィクション朝日ジャーナル大賞を受賞しました。雑誌『AERA』の「現代の肖像」に私を取り上げてくれたのが1993年3月でした。当時から知っており、よく話をする間柄です。

ソ連や東欧の取材を通じて民主化の過程や社会主義の崩壊をつぶさに見た今井さんは、各国で行なわれた国民投票に大きな影響を受けたようです。90年代の半ばからは日本各地の住民投票を盛んに取材したほか、2004～05年にはスイス、フランス、オランダなどの国民投票を調査しました。06～07年には衆参両院の憲法調査特別委員会で参考人・公述人として国民投票について何度も意見を述べています。市民グループ［国民投票／住民投票」情報室の事務局長という肩書きもあります。

今井さんは、確かにどちらかといえば左派に属するノンフィクション・ライターでありジャーナリストですが、ただ反体制や反権力を叫ぶだけの化石のような「左」ではありません。大学では哲学を専攻し、もともと研究者になりたかったらしい。それもあってか、非常に論理を大切にし、一般受けしそうもない主張をも貫く孤高のジャーナリスト、という印象を受けます。

その今井さんは2014年夏、『「解釈改憲＝大人の知恵」という欺瞞《ぎまん》――九条国民投票で立憲主義をとりもどそう』（現代人文社）という本を出しました。立場は違いますが、なるほどその通りと思うところが少なくありませんでした。

◉護憲派は解釈改憲を容認してきた

今井さんは「解釈改憲＝大人の知恵」とし、それは欺瞞だ、と指摘しています。それというのも今井さんは、安倍政権による集団的自衛権の行使容認が解釈改憲だから問題だ、と言っているわけではないのです。それも問題ではあるが、はるかに大きい問題は、歴代政権が主張してきた「自衛隊は合憲」という解釈改憲であり、そもそもこれがおかしい。

そして、その解釈改憲を「大人の知恵」として受容してきた護憲派をはじめとする多くの日本人がおかしいのだ、これは欺瞞だ、というのです。そのようなゴマカシではなく、この問題は国民投票で決着すべきだ、とも主張しています。著書の第1章では、著名な学者の誰某が憲法についてこう言っている、誰某はこんなふうに考え方を変えた、と批判的に書いています。今井さんと同じような考え方の人は、アカデミズムできわめて少数派です。

少数派の1人は、明治大学法学部特任教授で東京大学名誉教授の大沼保昭さんです。大沼さんはリベラルな国際法学者で、つまりは左のほうの人ですが、憲法9条については改正容認と、多くの左派とは異なる主張をしています。

もう1人は、東京大学教授の井上達夫さんです。井上さんは憲法9条削除論で知られる法哲学者です。2015年に『リベラルのことは嫌いでも、リベラリズムは嫌いにならないでください――井上達夫の法哲学入門』（毎日新聞出版）という本を出しています。アマゾンの商品説明によると、これは東京大学生協のベストセラー（駒場書籍部で2015年6～9月の4カ月連続人文1位）となりました。本の帯の文句は「安保法制、憲法改正、歴史問題、朝日新聞問題……真のリベラルは、今いかに考えるべきか。リベラリズム論の第一人者、「怒りの法哲学者」井上達夫東大教授が、右旋回する安倍政権と、欺瞞を深める胡散臭い「リベラル」の両方を、理性の力でブッタ斬る！」というものです。

今井さんは『「解釈改憲＝大人の知恵」という欺瞞』を、民主党政権時代の２００９〜１０年頃に書いたそうです。政府の解釈改憲がひどくなっていく諸悪の根源は、リベラル護憲の陣営だ、そこを叩かなければ世の中は変わらないと思って書き始めた。ところが、過去に十数冊の本を出してきた今井さんが、どの出版社に原稿を持ち込んでも、「護憲派を批判する本は出せない」といわれた。ようやく陽の目を見たのが２０１５年だったとのことです。

◉逃げ回る「九条の会」

今井さんの主張は、護憲派からの評判が極めて悪いようです。今井さんは、平和安全法制の議論が盛り上がった最近になって護憲派の批判を始めたわけではなく、ずっと以前から批判しています。ところが、ネットを見る限りでは、護憲派には、平和安全法制が話題になったから安倍政権に手を貸すために主張しているのだろう、といった反応が少なくないようです。

本質的な問題を突かれて反論できず、無視を決め込む護憲派も少なからずいるようです。

その代表格に、作家たち9人が2004年に立ち上げた「九条の会」があります。呼びかけ人は井上ひさし、梅原猛、大江健三郎、奥平康弘、小田実、加藤周一、澤地久枝、鶴見俊輔、三木睦子のみなさんです。本書執筆の時点でご存命なのは梅原、大江、澤地のお三方だけで、彼らも反平和安全法制の立場から発言していました。今井さんは、この九条の会に対して質問状を出していますが、返事すらこないそうです。「質問状は受け取った。いずれ会としての考えをまとめて返事する」くらい返答してもよさそうですが、まったく無視といいます。ちょっと長めですが、今井さんが送った質問状を紹介しておきましょう。

● 「九条の会」宛の質問状

九条の会　殿

昨年八月八日にこれとほぼ同じ内容の「質問状」を送付しましたが、半年以上が過ぎた今もなお回答を頂戴していませんので、あらためて簡易書留にて送付します。ひと月後の本年四月二〇日までに回答を頂戴できれば幸いです。何とぞ宜しくお願い申し上げます。

貴会の憲法九条に対する理解、認識について、お訊ねしたいことがあります。

二〇〇四年六月一〇日の結成時に発表された「九条の会」アピールの中に、下記の一文があります。

「私たちは、平和を求める世界の市民と手をつなぐために、あらためて憲法九条を激動する世界に輝かせたいと考えます。……日本と世界の平和な未来のために、日本国憲法を守るという一点でつなぎ、「改憲」のくわだてを阻むため、一人ひとりができる、あらゆる努力を、いますぐ始めることを訴えます。」

憲法九条が世界にも稀な平和憲法であるという理由は、「戦力の不保持」「交戦権の否認」という定めにより、「侵略」はもちろん「自衛」のためであっても戦争をしない、自衛戦争さえ放棄している点にあります。これが九条の最大の特徴であり本質でもあります。

そこでお訊ねしたい。

貴会は、上記アピールの中で九条を「世界に輝かせたい」「日本国憲法を守りたい」と記していますが、その憲法九条を、貴会は、自衛戦争を含むあらゆる戦争を放棄するものとして理解、認識し、これを「輝かせたい」「守りたい」と考えておられるのか、自衛戦争は放棄せず侵略戦争のみ放棄するものと理解、認識して「輝かせたい」「守りたい」と考えておられるのか、どちらでしょうか？

呼びかけ人の一致した見解があるとか、会としての公式見解があるなら、それを示していただきたい。もしそうしたものがないのなら、呼びかけ人の個々の見解を伺いたい。

これは些末なことではなく本質的な問題であり、人々に呼びかける側（九条の会）は、それを明らかにする責務があると考えます。

「憲法九条を守りたい」と考えている人の中には、九条を（憲法制定当時の政府見解通り）自衛隊や自衛戦争を認めないものだと認識している人もいれば、自衛隊の存在を認め、自衛戦争を容認するものだと理解している人もいます。九条支持者の中で、こうした異なる解釈が存在しているのは間違いなく、そのことは貴会も認識されているものと拝察します。

権力者が勝手な解釈で、条文を残したまま憲法九条を大きく歪めようとしている今、自衛戦争を認めるか認めないかは明確にしないのが「大人の知恵」だなどと言って曖昧にしたままやり過ごすのは、もうやめるべきだと私自身は考えています。

上記の質問について明快な回答をお願いします。

今井 一

二〇一五年三月一九日（木）

今井さんは、こう言っています。

私は当たり前のことを訊ねているのだが、送付からすでに5カ月が経過した現時点で、回答もないし連絡もない。九条の会は、少数の人々の限られた趣味のサークル活動といったものではなく、日本はもとより世界中の人々に対して憲法九条の「すばらしさ」を説き、これをまもる運動をしている。にもかかわらず、会の活動の根幹にかかわる本質的な問いに答えず、答えない理由も伝えないという姿勢はどうだろうか。私は大いに失望している。なぜ彼らが「答えない」あるいは「答えられない」のだろうか。そこにこそ、護憲派が肯定してきた「大人の知恵」の限界・欺瞞が潜んでいる。

◉日本を覆っている「知の貧困」

平和安全法制（安全保障関連法）は結局、2015年9月19日未明に参院本会議で賛成多数で可決、成立しました。

振り返って見ると、ＳＥＡＬＤｓの国会前デモが注目されるなど、いろいろなことがありました。産経新聞で、ＳＥＡＬＤｓの若者たちが「安倍は許せない！」などと首相を呼び捨てにするのはいかがなものか、という主張を見かけました。しかし、そうした例は60年安保でも70年安保でも当たり前で、もちろんもっと過激なゲバルトをやったわけです。若者というのはあんなもので、目くじらを立てても仕方ない、と思います。

若者たちだけではありません。少なからぬ人々が、「集団的自衛権の行使」イコール「日本の自衛隊がアメリカの勝手な戦争にアメリカ側として参戦すること」と理解していたようでもありました。自衛隊が海外に行くことは国連平和維持活動（ＰＫＯ）だろうが後方支援だろうが一切認めないという人も、それなりの数でいたでしょう。ＳＥＡＬＤｓの若者たちはわからないままに反対を叫んでいると思いましたが、これまた60年安保や70年安保とあまり変わりません。私だって若いときは頭でっかちで、世の中のことが本当にわかってきたのは50歳をすぎてからだったと思います。

法案を１本にまとめてしまった政府・与党側のやり方もまずかったと思います。ヨーロッパに押し寄せる難民を出しているシリアやイラクのような国に、世界から危険をなくすために自衛隊を出して平和維持活動をするのは、アメリカの戦争に加わることとはまったく違います。丁寧に説明すればわかってもらえるはずだと思いましたが、賛成派も反対派も賛成か反対かのどちらかしか問わず、現実とかけ離れた抽象的な話に終始してしまいました。

今井さんは「知の貧困」という言葉を使っていますが、その通りだと思います。とりわけ、丁寧な説明もせず、生半可な解説を繰り返し、結果的に感情的な対立をあおったメディアの責任は、小さくないと思います。

今後、たとえば南スーダンのＰＫＯで、陸上自衛隊はどんな武器を持って行き、どんな任務を果たすのか、という具体的な話が進んでいくでしょう。そのとき重要なのは、その場しのぎのゴマカシや取り繕《つくろ》いで格好をつけることではありません。今の世界にどんな問題があるかを人びとに知らせ、日本国や日本人にどんな選択肢があるかについてはっきりと示し、どう対処すべきかを徹底的に議論し、着実に合意を形成していくことだと思います。

そのためには、小手先の対応ではなく、やはり確固たる思想が必要になります。賛成であれ反対であれ、思想と思想が正面からぶつからなければ、どちらも前に進むことができません。今井一さんは、ジャーナリストというよりも、そのようなブレない明確な考えを持つ思想家というべき存在ではないかと、私は高く評価しているのです。

◉改憲を否定しなかった土井たか子さん

まともな護憲派と言えば、もう1人は土井たか子さんではないでしょうか。

土井さんは「護憲」を掲げる人たちの象徴的存在で、私のような憲法改正論者とは相容れない立場だと思われるかも知れません。しかし、土井たか子さんは私にとって忘れられない存在であり、亡くなったときも心から哀悼の意を表した方でもあるのです。

私が土井さんを衆議院議員会館に訪ねたのは、鳥取の日本海新聞の記者から「週刊現代」の記者に転じた直後、1975年11月だったと思います。

母校・同志社大学神学部の学生が北朝鮮スパイ容疑で韓国の情報当局に拘束された直後で、その件で力添えをお願いしに行ったと記憶しています。土井さんは46歳。若手の国会議員として、少し緊張しているようにも見えました。

その後は、パーティーなどで立ち話をするくらいのかかわりしかありませんでしたが、2006年2月、慶應義塾大学経済学部の先生方からフォーラム出席の依頼があり、そこで土井さんとの、まさに一期一会のような接点が生まれました。

フォーラムの正式名称は慶應義塾大学経済学部専門特殊科目「現代社会史」。2006

年4月から7月まで、13回にわたる長丁場を討論形式で進めるもので、私は6月30日、土井さんによる憲法の特別講義に「相方」として登壇することになりました。

土井さんの演題は「日本国憲法と平和主義の理念」、私のほうは「日本の防衛力と世界の平和」でした。

主催者によると、私を「相方」に指名したのは土井さん自身で、「小川さんは私とは立場が違うけれども、憲法について一番論理的な考えを持っているから」と言われたそうです。

多数の市民が出席した大教室で、土井さんは開口一番、結論を述べました。

私は、憲法を改正するなとは言いません。改悪してはならないという立場です。

骨の髄まで憲法改正に反対する立場だろうと思われてきた土井さんです。会場は水を打ったように静まりかえりました。

しかし、隣に立っていた私は「土井さん、それは私と同じ考えですよ」と内心で快哉《かいさい》を叫び、膝を打ちたいような気分でした。

それというのも、同志社大学校友会のパーティーなどで立ち話をするたびに、私は土井さんに迫り続けていたのですが、そうした私のアプローチに土井さん自身が明確な答えを口にしてくれたからです。

私は土井さんと憲法の話をするたびに、次のように問いかけていました。

どんな崇高な理念をいただく憲法であっても、そして制定時に高い評価を受けたレベルの高い憲法であったとしても、改正という手続きを踏み続けないことには完成度は高まらず、理念を実現していくための力が備わりません。今の日本国憲法は、制定時のままの理念と骨格だけの姿をさらしており、いくら日本が平和主義を口にしたところで、実行力がないところでは、国際的にもウソをつく結果になるのではないですか。

憲法改正をすれば、そのたびに右に左に振れることは避けられないでしょう。しかし、改正を重ねることによって左右への振幅が小さくなり、安定していくのが先進民主主義国の望ましいあり方だと思います。

憲法学者である土井さんは、むろん、そのようなことは承知の上ですが、何しろ社会党の委員長、社民党の党首を務めてきた革新勢力のリーダーとしての立場もあります。首を縦に振ることは、簡単にはできなかったのでしょう。土井さんの口から答えを聞くことなく月日がすぎました。

慶応義塾大学の特別講義での発言は、衆議院議長を3年あまり務め、さらに政治家を引退したからこそ口にできたのかも知れませんが、私には憲法学者・土井たか子さんの憲法擁護についての総括の言葉だったように思われてなりませんでした。

このように、土井さんは私の問いかけに憲法学者らしく、誠実に応えようとしてくれました。

今井さん、土井さんの例を見るまでもなく、一見すると立場が異なる人々の間であっても、話が通じる可能性は十分にあるのです。

Q 38 日本の平和論は国際常識とズレていますか？

◉〝軍隊を持たない国〟コスタリカの実像

日本の平和論は錯覚と幻想、つまりフィクションによって成り立っている。だから、リアリズムで動いている世界の常識や感覚からかけ離れてしまうのです。

たとえば、集団的自衛権の議論に関連して、ときおり中米のコスタリカの名前が登場することがあります。

いわく「コスタリカのように軍隊を持たない国があるのだから、日本も同じようにしたら米国との同盟関係もなくなり、集団的自衛権のような他国の戦争に加担するようなことをしなくてすむのではないか……」。

これは、上っ面の議論にすぎません。コスタリカに行ってきたという人たちまでが、そんなことを言っているのですから、何を見てきたのかと申し上げたい。

以下、ポイントだけを箇条書き的にご紹介しておきます。

（1）確かに、コスタリカは１９４９年に常備軍を廃止する憲法を制定して以来、常備軍を持っていませんが、同時にコスタリカ共和国憲法第12条は「大陸間協定により、もしくは国防のためにのみ、軍隊を組織することができる」とし、集団的自衛権や個別的自衛権の行使などの非常時には軍隊を組織し徴兵制を敷くことを認めているのです。

（2）また、米州機構（OAS、35ヵ国）の加盟国としてほかの加盟国と集団的自衛権の行使を含む関係にあります。1965年には、ドミニカ内戦にOAS平和維持軍の一員として武装警察を派遣しています。

ちなみに、コスタリカ共和国は約8000人の警察部隊を持ち、市民に対する一般的な警察サービスの提供、治安維持、国境警備などの任務に当たっています。このうち約4400人の治安警備隊は準軍事組織としての編成と装備を備えています。そのほか、特殊部隊、沿岸警備隊、空港警備隊、麻薬取締などの部隊も保有しています。

（3）なんと1999年以来、コスタリカ共和国の世界自然遺産になっているココス島には米軍の部隊が駐留しているのです。

これは中米における麻薬撲滅とゲリラ対策のために米国が進めている「コロンビア計画」に基づくパトロールを任務とするものですが、一例を挙げれば米国のワスプ級強襲揚陸艦（4万1000トン）などを中心とする艦船とハリアー攻撃機やオスプレイなど海兵隊の航空機35機と7000人の海兵隊が派遣されているといった具合です。

これが日本で国会の質疑にも登場する「平和国家コスタリカ」の実像なのです。集団的自衛権と平和安全法制の議論にあたっては、もう少し勉強しなければならないことが少なくないことがわかろうというものです。

小川和久（おがわ かずひさ）

静岡県立大学特任教授、特定非営利活動法人・国際変動研究所理事長、
軍事アナリスト

1945年、熊本県生まれ。陸上自衛隊生徒教育隊・航空学校修了。同志社大学神学部中退。地方新聞記者、週刊誌記者などを経て、日本初の軍事アナリストとして独立。外交・安全保障・危機管理（防災、テロ対策、重要インフラ防護など）の分野で政府の政策立案にかかわり、国家安全保障に関する官邸機能強化会議議員、日本紛争予防センター理事、総務省消防庁消防審議会委員、内閣官房危機管理研究会主査などを歴任。小渕内閣ではドクター・ヘリ実現に中心的役割を果たした。電力、電話、金融など重要インフラ産業のセキュリティ（コンピュータ・ネットワーク）でもコンサルタントとして活動。2012年4月から、静岡県立大学特任教授として静岡県の危機管理体制の改善に取り組んでいる。

主な著書は『危機管理の死角　狙われる企業、安全な企業』（東洋経済新報社）、『日本人が知らない集団的自衛権』（文春新書）、『中国の戦争力』『それで、どうする！　日本の領土　これが答えだ！』（ともにアスコム）など多数。

特定非営利活動法人・国際変動研究所　https://sriic.org/

戦争《せんそう》が大嫌《だいきら》いな人《ひと》のための正《ただ》しく学《まな》ぶ安保法制《あんぽほうせい》

2016年7月1日　第1版　第1刷 発行

著者 ………… 小川和久
発行人 ……… 高比良公成
編集人 ……… 貝瀬裕一
発行所 ……… 株式会社アスペクト
〒110-0005
東京都台東区上野7丁目11-6　上野中央ビル6階
TEL：03-5806-2580 ／ FAX：03-5806-2581
http://www.aspect.jp/
印刷所 ……… 中央精版印刷株式会社

ISBN978-4-7572-2474-2

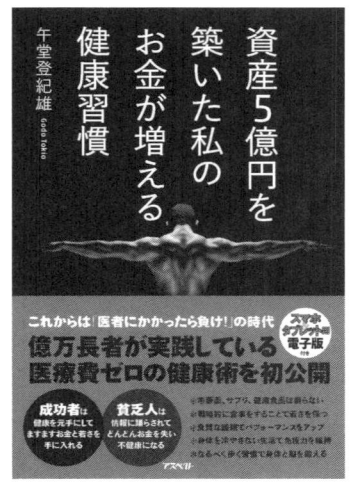

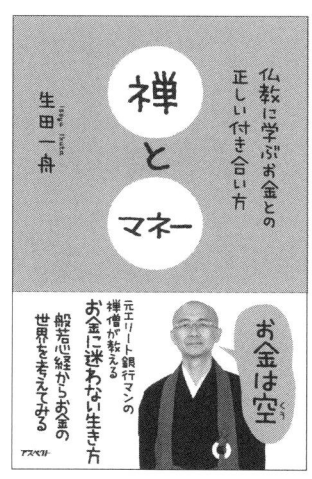

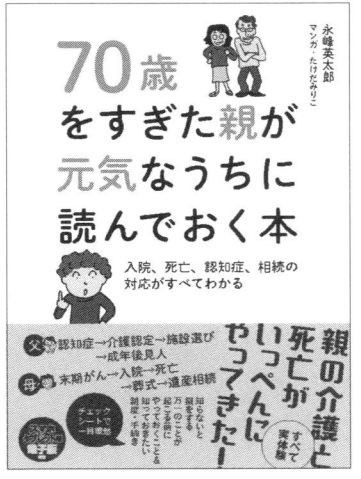